二十四节气

入选
联合国教科文组织
人类非物质文化遗产代表作名录

与孩子们一起走进

丰富多彩的非遗世界

希望

每一个中国人都是

中华文化的传承人

小小传承人：非物质文化遗产

崔宪 主编

二十四节气

陈雪 编著

GUANGXI NORMAL UNIVERSITY PRESS
广西师范大学出版社
·桂林·

ERSHISI JIEQI
二十四节气

出版统筹：汤文辉
品牌总监：张少敏
选题策划：耿　磊　李茂军
　　　　　梁　缨
责任编辑：戚　浩
助理编辑：梁　缨　孙金蕾
美术编辑：卜翠红
营销编辑：李倩雯　赵　迪
责任技编：郭　鹏

图书在版编目（CIP）数据

二十四节气 / 陈雪编著. —桂林：广西师范大学出版社，2021.2（2023.7 重印）
（小小传承人：非物质文化遗产 / 崔宪主编）
ISBN 978-7-5598-3517-8

Ⅰ. ①二… Ⅱ. ①陈… Ⅲ. ①二十四节气－青少年读物 Ⅳ. ①P462-49

中国版本图书馆 CIP 数据核字（2021）第 006330 号

广西师范大学出版社出版发行
（广西桂林市五里店路 9 号　邮政编码：541004
网址：http://www.bbtpress.com）
出版人：黄轩庄
全国新华书店经销
北京博海升彩色印刷有限公司印刷
（北京市通州区中关村科技园通州园金桥科技产业基地环宇路 6 号
邮政编码：100076）
开本：787 mm × 1 092 mm　1/16
印张：8.75　　　　　字数：109 千字
2021 年 2 月第 1 版　　　2023 年 7 月第 2 次印刷
定价：68.00 元

前言

陕北温暖的土炕上，姥姥把摇篮里的孩子哄睡了，拿出剪子剪窗花，阳光透过窗花映照在孩子熟睡的脸庞上；

夜色中的村社戏台，一盏朦朦胧胧的油灯，几个皮影，一段唱腔，变幻出了一个浓墨重彩的影像世界；

村里，一群健壮的男人正在为一座房屋架大梁，这种靠着榫卯构件互相咬合来建房屋的技艺，在我国建筑工匠的手中传承了千年……

这些手工技艺、传统表演技巧、传统礼仪等，我们称之为非物质文化遗产（简称非遗），它蕴含着几千年来中华民族的文化精髓，蕴藏着中华民族独树一帜的思维方式和审美习惯，是古人留给我们的精神财富，也是遗留在人类文明历史长河中的一颗又一颗美丽的珍珠。尽管一代又一代的中国人曾浸染在这些传统、习俗和技艺中，但随着社会生产方式的改变与现代科技的进步，一些传统技艺和艺术形式逐渐退出了社会舞台，被人们忽视甚至遗忘。

为了更好地保护和传承传统文化，国务院决定，从2006年起，每年六月的第二个星期六定为中国的“文化遗产日”（2017年改名为“文化与自然遗产日”）。

我们也在思考，如何让这些宝贵的文化遗产走入我们的孩子中间，让孩子更好地了解它们，亲近它们，体会它们的魅力与价值。

出于这样的初衷，广西师范大学出版社联合中国艺术研究院的部分专家共同打造了这套“小小传承人：非物质文化遗产”系列图书。这套丛书按照传承度广、受众面大和影响力深等标准，精心挑选了我国入选联合国教科文组织人类非物质文化遗产代表作名录的代表性项目，通过对它们发展脉络的梳理、传承故事的讲述和文化内涵的阐释，向孩子展示非遗独特的人文魅力和文化价值，让孩子认知非遗，唤起孩子对非遗的热爱。

把历史、民俗、地理等知识融合在一起，用不同形式的精美实物图和手绘图穿插配合，诠释文字内容，以及边介绍边拓展边提问的互动问答设计……书中所有的这些构思设计都是为了让孩子更好地知晓古老习俗、技艺的发展和演变，体味匠心独运的巧妙，领悟古人的智慧、审美和创造力，传承博大精深的中华文化。

习近平总书记指出，中华文化延续着我们国家和民族的精神血脉，既需要薪火相传、代代守护，也需要与时俱进、推陈出新。

我们为此而努力着。

我们希望，每一个中国人都是中华文化的传承人。

本书使用方法

小贴士

小贴士关注提示

人物小贴士

相关人物介绍提示

篇章相关知识点拓展

知识点拓展关注提示

问答题、选择题

选择题答案选项

前面选择题的正确答案

可以在问题下面的横线处写上答案

立春
东风解冻
蛰虫始振
鱼陟负冰

雨水
獭祭鱼
候雁北
草木萌动

惊蛰
桃始华
鸧鹒鸣
鹰化为鸠

春分
玄鸟至
雷乃发声
始电

清明
桐始华
田鼠化为鴽
虹始见

谷雨
萍始生
鸣鸠拂其羽
戴胜降于桑

夏

立夏
蝼蝈鸣
蚯蚓出
王瓜生

小满
苦菜秀
靡草死
麦秋至

芒种
螳螂生
鵙始鸣
反舌无声

夏至
鹿角解
蜩始鸣
半夏生

小暑
温风至
蟋蟀居壁
鹰始击

大暑
腐草为萤
土润溽暑
大雨时行

立秋
凉风至
白露降
寒蝉鸣

处暑
鹰乃祭鸟
天地始肃
禾乃登

白露
鸿雁来
玄鸟归
群鸟养羞

秋分
雷始收声
蛰虫坯户
水始涸

寒露
鸿雁来宾
雀入大水为蛤
菊有黄华

霜降
豺乃祭兽
草木黄落
蛰虫咸俯

立冬
水始冰
地始冻
雉入大水为蜃

小雪
虹藏不见
天气上升，地气下降
闭塞而成冬

大雪
鹖鴠不鸣
虎始交
荔挺出

冬至
蚯蚓结
麋角解
水泉动

小寒
雁北乡
鹊始巢
雉始雊

大寒
鸡乳
征鸟厉疾
水泽腹坚

时间认知里的中国智慧

认识春天的六个节气

认识夏天的六个节气

认识秋天的六个节气

认识冬天的六个节气

时间认知里的中国智慧

二十四节气是我国传统历法的重要组成部分，是古代人民在实践中总结得出的对时间的认知。

“年”字里的韵味

古时，稻谷一般每年成熟一次，我国古代人民将两次稻谷成熟之间的时间段描述为年。

“年”是个象形文字，甲骨文的“年”是这样的：，它分上下两部分，拆分开来是：+。上面像一束向下垂的稻谷，下面的部分也许你看出来了，像是一个弯着腰的人。我国古代人民造的“年”字，是用人肩扛着成熟的谷物来描述的。

我国的象形文字，是由图画文字演化而来，是世界上最古老的文字之一。

在字典中，“年”的本义为“时间的单位，公历 1 年是地球绕太阳一周的时间”。“年”字表现了我国古代人民对谷物种植和收获的时间规律的认知，这个时间规律的认知和我们现在的认知是一致的：地球围绕太阳公转一周是一年；一年一熟的谷物经过春夏秋冬，收获的周期也是一年。

你看，我国古代人民在造“年”字的时候，已经知晓了农作物的生长和时间的关联。

问

我国是世界上最早开始种植水稻的国家，你知道可以追溯到哪个时期吗？

你能选出正确的答案吗？请在正确的答案后面打“√”。

答1	新石器时代	□
答2	旧石器时代向新石器时代过渡时期	□
答3	旧石器时代	□

答案在第 6 页

太阳历和太阴历

太阳历

我国古代人民创造的“年”字，用农作物的成熟周期表达了对时间的认知，这和太阳历里对“年”的认知是一致的。

太阳历是什么呢？

要讲太阳历，我们先来看看什么是历法。历法是用年、月、日计算时间的方法，是人们创立的长时间的计时系统，具体地说，就是年、月、日的安排。一年有多少个月？一个月有多少天？一天是什么概念？什么时候才是一年的开始？……历法就可以解决这些问题，它设定年、月、日的时间长度和它们之间的关系。有了历法，人们计算长时间的时候就有了依据，生产和生活也会变得更加方便。

太阳历也叫阳历，它设定了年的平均长度约等于回归年，一个回归年就是地球公转绕太阳一周的时间，为365天5小时48分46秒。

太阳历最早来源于古埃及人。古埃及人注意到，尼罗河会定期发生泛滥。为了找到尼罗河泛滥的规律，他们尝试向天空探索。

尼罗河

尼罗河是世界上最长的河流，自南向北注入地中海，全长6671千米，流经非洲东部和北部。

他们发现，当天狼星和太阳同时在清晨的地平线升起时，尼罗河就会开始泛滥。就这样，古埃及人把这一天作为一年的开始，他们还逐步测算了年的周期，创造了太阳历。

后来，古罗马人借鉴了古埃及人的太阳历，创建了自己的历法。公元前 45 年，古罗马的统治者儒略·恺(kǎi)撒颁布了历法，称为儒略历。

1582 年，罗马教皇格里高利十三世在儒略历的基础上进行了改进，颁布了格里历：规定平年为 365 天，闰(rùn)年为 366 天，一年有 12 个月。这个历法就是我们现在用的公历，它是目前世界上绝大多数国家通用的历法。

太阴历

太阴历是另外一种历法，它是人们按照观察到的月亮的变化规律而设定的。因为月亮又被称为太阴，所以这种历法也叫太阴历。

月亮从月圆到月缺变化的周期短，它比四季的变化更早地被人们观察和认识到。人们根据月亮从圆到缺、从缺到圆的变化规律设定出月的长度，再逐步设定出年的长度。

太阴历也称为阴历。阴历按照月亮的朔(shuò)望规律把大月定为 30 天，小月 29 天，设定一年是 12 个月。这样，阴历年的平均长度就是 354 天，比回归年约少了 11 天。

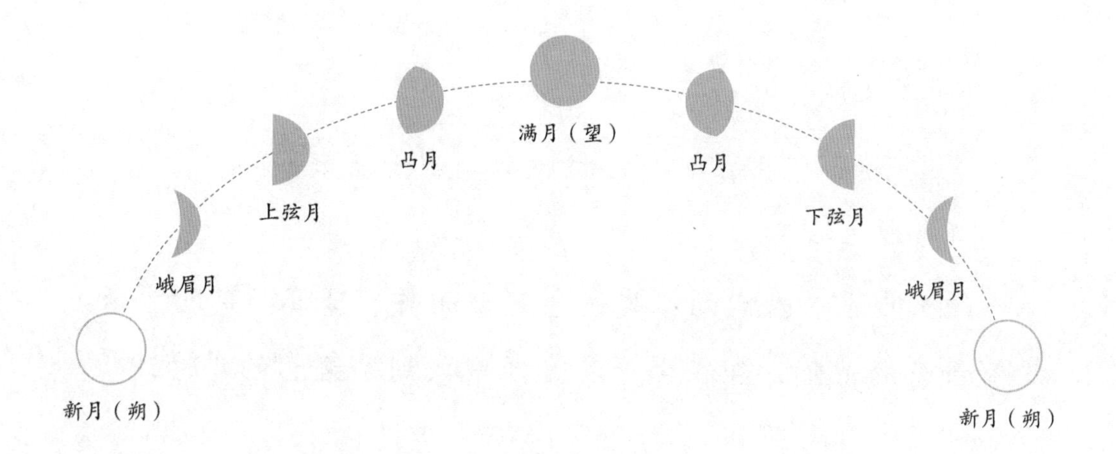

请在日历中找出除夕和中秋节对应的公历日期。

农历

很久以前，我们的祖先过着日出而作、日落而息的生活，没有钟表的他们，却在生产和生活中找到了天然的“时钟”。

日夜交替，昼夜更迭（dié），一个周期为一日。

月有朔望，盈（yíng）缺循环。我国古代人民把完全见不到月亮的那天称为朔日，这天的月亮称为新月；把月亮最圆最亮的那天称为望日，那天的月亮称为满月。月亮从朔到望，再从望到朔，一个周期就是一个月。

寒暑变化，四季轮回。早在商周时期，我国古代人民已经发现了一年中昼夜长短与正午太阳高度的关系，更在生活中发现了自然界的变化和时间变更的关联。

比如，天地暖和了，冰冻的土层开始解冻，杏花开了，万物复苏、生长，这是春天，农民们要着手春耕了；树木葱茏，

树上的蝉在鸣叫，这是夏天；树叶黄了，地里的农作物成熟了，大雁往南边飞去，这是另一个季节——秋天；秋天过去，凛冽（lǐn liè）的北风或许会带来雪花，也带来了冬天的味道。

虽然我国古代人民对自然的观测方法比较原始，却能够从观察到的现象中总结规律，获取经验。他们在对自然持续的观察和研究中，逐渐建立了时间的概念，创建了历法并且不断完善。我国历史上就曾有过多部历法，它们既考虑了四季寒暑变更，又兼顾了月亮圆缺的变化，新月在初一，满月在十五或十六……我们日常生活中常说的农历，就是一部以朔望月的长度为历月，平均历年为回归年的阴阳合历。

前面提到过，我国传统历法是按照朔望规律来设定月的长度的：大月为 30 天，小月为 29 天。如果一年还是 12 个月的话，那这样的年和回归年（根据太阳的回归运动确定的年的长度，即我们常说的一年有 365 天）有着不小的差距。我们可以试着计算一下，按照阴历计算时间的方法，把一年的开始定在夏季，经过 16 个这样的年后，一年的开始将会在冬季出现。可是，我国古代人民发明了“置闰法”——通过增加闰月的办法，让年的平均长度尽可能和回归年相等，这样年的长度就能和自然季节一个循环的变化大致吻合了。

问

时间对你而言是什么呢？把你的作息时间写下来吧。

答

二十四节气里的时间认知

2016年11月30日，在埃塞俄比亚首都亚的斯亚贝巴联合国非洲经济委员会会议中心，我国申报的“二十四节气——中国人通过观察太阳周年运动而形成的时间知识体系及其实践”被列入联合国教科文组织人类非物质文化遗产代表作名录。

二十四节气是什么呢?

二十四节气是我国古代人民记录由地球公转运动造成的气候、物候现象并总结自己在农业生产中得到的经验后，在一年的时间里设定出来的经验认知，是我国传统历法中的重要组成部分，反映了我国古代人民对时间和自然科学的探索，是我国古代人民重要的发明创造。

一年的时间分成二十四个节气，每一个节气都是一个时间点，反映了地球围绕太阳公转带来的气候、物候变化。在二十四节气中，有四个节气的名称中有“立”，它们是立春、立夏、立秋、立冬。“立”表示的是“开始”，这四个节气正是四季的分界点，将一年分成了春、夏、秋、冬四个季节。

物候是指生物的周期性现象（如植物的发芽、开花、结实，候鸟的迁徙，某些动物的冬眠等）与季节气候的关系。也指自然界非生物变化（如初霜、解冻等）与季节气候的关系。

不知道你有没有发现，夏至和

冬至的日期在公历上基本是固定的，夏至是每年6月22日左右，冬至是每年12月22日左右。

为什么夏至和冬至的时间在公历上的日期基本上是固定的呢？为了弄清楚这个问题，我们先从地球的公转说起。

地球的公转

地球有两种基本运动形式，一种是自转，另一种是公转。

自转时，地球绕地轴自西向东转动，自转一周的时间是23小时56分4秒，就是我们所说的一日。

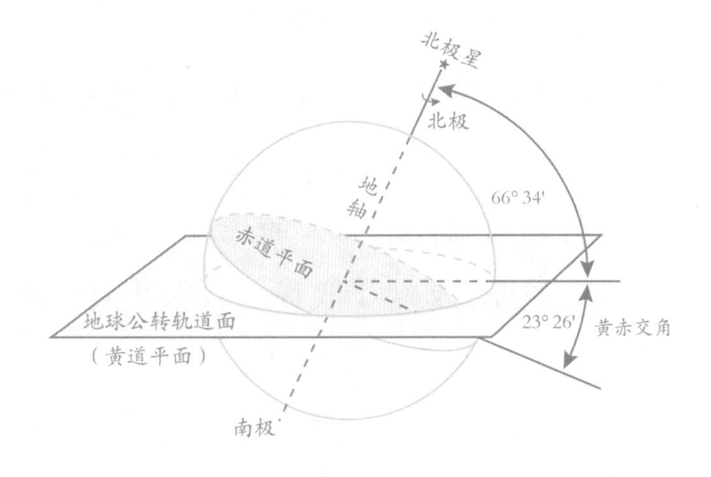

为了更好地描述地球的公转运动，我们把地球公转轨道平面称为黄道平面，把过地心并与地轴垂直的平面称为赤道平面。黄道平面和赤道平面并不在同一个平面上，它们之

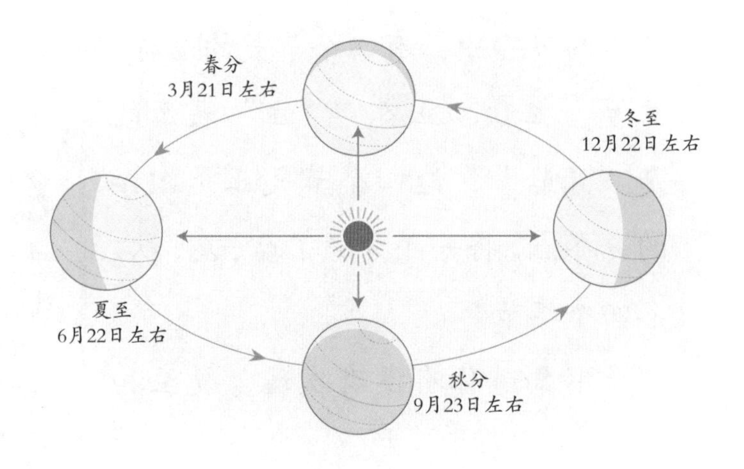

间有一个夹角，这个夹角叫黄赤交角。黄赤交角的存在，造成了地球围绕太阳运动的复杂性。

为什么有了黄赤交角，地球的公转运动会变得复杂呢？因为如果赤道平面与黄道平面没有夹角，那么在地球的公转运动中，太阳将会一直垂直照射赤道，这样，地球上每个地方得到太阳照射的情况是固定的，同一个地点不会因为得到太阳热量的不同而出现气温等的变化。有了黄赤交角，太阳对地球的垂直照射（地球表面太阳光射入角度为90度）点，也叫太阳直射点，会随着地球的转动而变化——最北会到达北回归线，最南会到达南回归线。地球围绕太阳运动一周，太阳直射点会在南、北回归线之间有规律地移动，这就使得地球上同一个地点，在一年里受到太阳照射的情况会因为时间不同而发生变化。

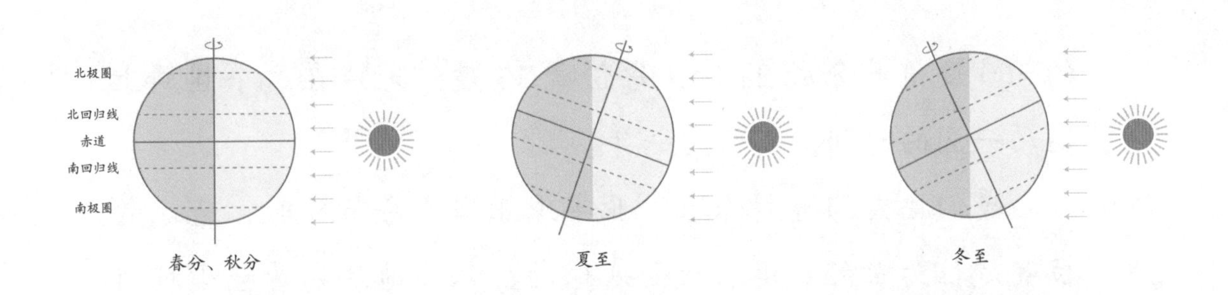

二十四节气所体现的地球公转运动

我们来看看二十四节气是怎样描述地球公转运动的。

地球围绕太阳公转运动的轨迹近似正圆，我们把这个圆

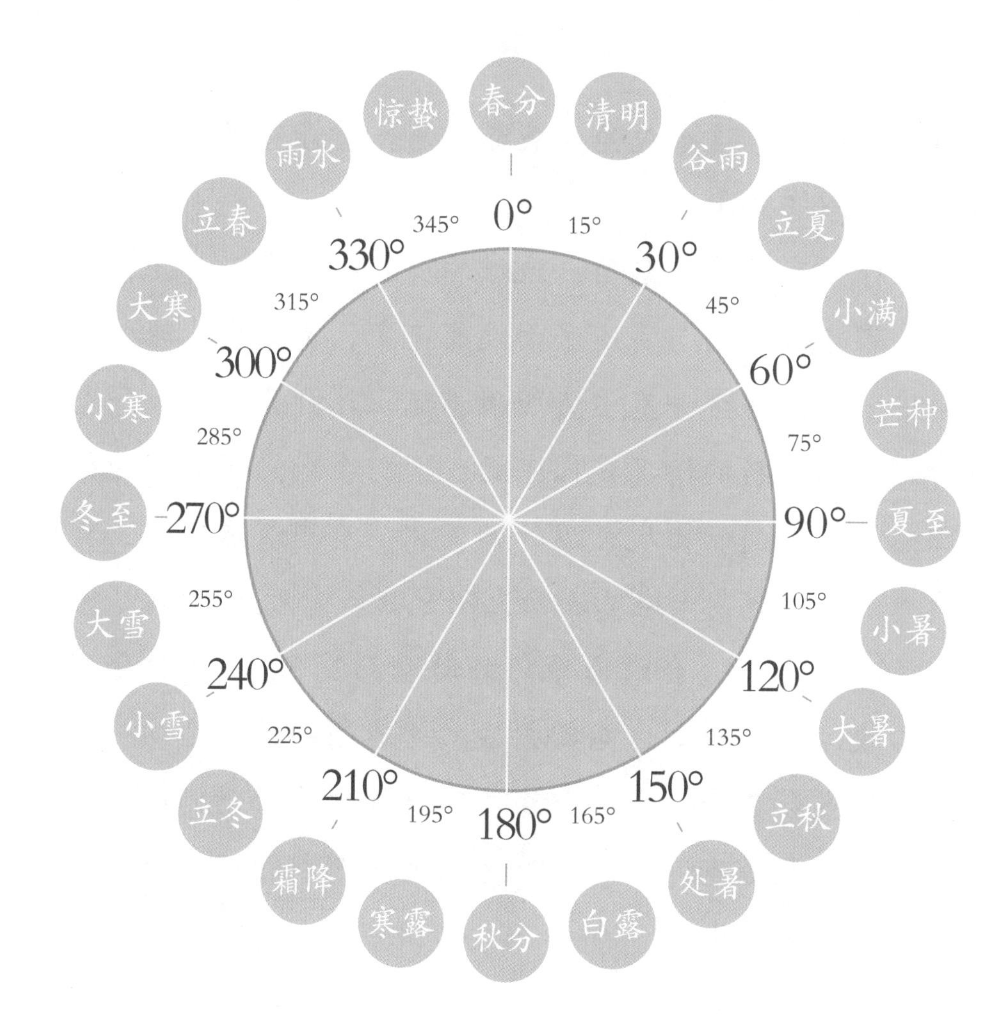

的 360 度角等分成 24 份，每份是 15 度。地球在这个圆周上运动一周的时间，正好是一年。

我们把太阳直射赤道，北半球正当春分节气时，地球的位置定位为黄经 0 度。随着地球的公转，地球的黄经坐标值每向东增加 15 度，就依序换了一个节气。

当地球转动到使得太阳再次直射赤道时，也就是到达黄经 180 度的位置时，北半球正值秋分节气。等到地球到达黄经 345 度时，北半球的惊蛰(zhé)节气就到来了，经过这样的时间变化，地球最后再回归到黄经 360 度时，北半球迎来的是新一轮的春分，地球又开始了新一轮的公转运动。

夏至和冬至的时间

理解了前面的概念，我们可以来探讨为什么夏至和冬至在公历上的日期基本上是固定的了。

夏至时，由于地球的公转运动，太阳直射地面的位置到达一年之中所能达到的最北端，即北回归线处。对于北半球的人们来说，这天白天最长，黑夜最短。我国古代人民把观察并测量到的一年中影子最短的这一天定为了夏至日。

到了冬至，由于地球的公转运动，太阳直射地面的位置到达一年中所能达到的最南端，即南回归线处，此时北半球白天最短，黑夜最长。我国古代人民把观察并测量到的一年中影子最长的这一天定为了冬至日。

古人确定的夏至和冬至，符合地球围绕太阳做周期运动的规律。地球一边自转，一边围绕着太阳做有规律的周期运动，由此产生了昼与夜的更替、春夏秋冬的更迭，古人把在自然界中观察到的这种天文、物候和气候的变化规律总结成二十四节气。这是对地球运动规律的描述，也是二十四节气在公历里的时间总是固定的原因所在。

勤劳智慧的古代人民，早早就发现了时间变化的规律，并遵从由此产生的自然变化规律，以此指导自己的生产和生活活动。

七十二候

古人把一年分为春、夏、秋、冬四季，每季又有孟、仲、季三月。在二十四节气的基础上，古人根据当时的物候现象制定了一种物候历，规定每五天为一候，每个节气有三候，二十四节气就有七十二候。在七十二候里，每一候都有自己最具有代表性的自然现象的变化。这些总结出来的规律对农业生产与生活起到了重要的指导作用。

二十四节气歌

我们来看一首描述二十四节气的歌谣：

春雨惊春清谷天，夏满芒夏暑相连。

秋处露秋寒霜降，冬雪雪冬小大寒。

这首歌谣里每句的头一个字对应着春季、夏季、秋季、冬季，每句都包含了对应季节里所有的节气。春季：立春、雨水、惊蛰、春分、清明、谷雨；夏季：立夏、小满、芒种、夏至、小暑、大暑；秋季：立秋、处暑、白露、秋分、寒露、霜降；冬季：立冬、小雪、大雪、冬至、小寒、大寒。

开始的时候，古人以阳历二十四节气配阴历十二月，阴历每月二气，在月初的叫节令，在月中以后的叫中气，两者交替出现。例如，立春是正月的节令，雨水是正月的中气。立冬为十月的节令，小雪为十月的中气。后来，人们逐渐把十二个节令和十二个中气合在一起，统一称为二十四节气。

二十四节气的由来

二十四节气是我国古代人民认识自然的产物。这种认识不是一夜之间形成的，而是有一个逐渐产生、完善的过程。

古时候的人们，白天出门劳作依据太阳判断时间，晚上则依靠月亮和星星辨别方向，由此产生了对时间和空间的最初认知。

生产，就必须要对农事的时机有准确的把握。所以，上古时期，尧帝就已经派了很多人去观测太阳、星象，统计气候冷暖，记录每季的风况特点。也是从那时起，古人认识到我国是季风性气候，夏季风为偏南风，冬季风为偏北风。据此，古人创造了四季之神：春神句芒，夏神祝融，秋神蓐收，冬神禺强。

房屋树木在阳光的照射下都有影子，我国古代人民采用一种叫土圭(guī)的仪器来测量影子的长度，经过持续观察，人们发现，影子的长度在一年中的变化是有规律的。

后来，天文学家认为："旦测南中已定冬至，约公元前2100年前后，昏测南中以定夏至，约公元前1000年前后（殷周之交）。"这表示，至少在公元前1000年前后，我国古代人民已经能够确定冬至和夏至了。确立了最初的四个节气:“二分”——春分、秋分,“二至”——夏至、冬至之后,人们又添加了“四立”——立春、立夏、立秋、立冬。

到了西汉时期,完整的二十四节气才真正确立。当时的皇族淮南王刘安和他的门客编写了一本叫作《淮南子》的著作,其中的第三卷《天文训》对二十四节气做了详细记录,我们可以从中看到和今天基本一样的二十四节气名称。

二十四节气起源于黄河中下游地区,以该地区天文、气象、降水和物候的时序变化为基准,最初用于指导黄河中下游地区的农业生产,后来,逐渐为全国各地共同采用,多民族共同享有。不过在实际应用中,生搬硬套是行不通的,因为各地的地理条件不同,比如海南和东北的气候就有很大差异,所以在应用二十四节气指导农业生产时,人们也早就学会了因地制宜。

现在,精彩的二十四节气之旅就要开始了。你,准备好了吗?

日历中的二十四个节气都对应着哪一天?试着把它们找出来吧。

认识春天的六个节气

节气	物候
立春	东风解冻 蛰虫始振 鱼陟负冰
雨水	獭祭鱼 候雁北 草木萌动
惊蛰	桃始华 鸧鹒鸣 鹰化为鸠
春分	玄鸟至 雷乃发声 始电
清明	桐始华 田鼠化为鴽 虹始见
谷雨	萍始生 鸣鸠拂其羽 戴胜降于桑

春之神为句芒。

句芒长着人的脸，鸟的身子，是西方天帝少昊的儿子，东方天帝伏羲的属神。他经常栖息在上古神树扶桑树上，太阳就是从这里升起的。句芒主管草木萌生、万物生长，是木神、生命之神，也是春季之神。

立春

京中正月七日立春

◎唐·罗隐

一二三四五六七，万木生芽是今日。
远天归雁拂云飞，近水游鱼迸冰出。

《史记·天官书》中记载："立春日，四时之卒始也。"立春日是去年四时的终结，今年的开始，是冬春变换的分界点，它的到来标志着春天的到来。立春通常在公历2月4日前后，此时太阳到达黄经315度，直射南半球并逐渐向赤道移动，北半球正午太阳的高度一天比一天增高。

立春物候

一候 东风解冻

温暖的东风徐徐吹来，吹散了冬的寒冷，冰雪渐渐融化了。

二候 蛰虫始振

蛰伏在土中过了一冬天的虫子逐渐苏醒，它们伸伸懒腰，蠢(chǔn)蠢欲动。

三候 鱼陟负冰

“陟”是登高的意思。这是指水面上的冰逐渐融化成一块一块的，鱼儿们涌出水面，挤着这些破碎的冰块互相游戏，远远看去，好像背着冰块游泳一样。

春到三分暖

立春起，冬季凛冽的寒风逐渐减弱，和煦的春风渐渐吹来，河冰开化，草木萌发，气温逐渐上升。民间流传的不少谚语如“春到三分暖”“打（立）了春，赤脚奔，棉袄棉裤不上身”，都描述了立春后气温的变化。不过我国幅员辽阔，不同纬度的地区气温差异比较大，所以立春时，南方有些地方已经春暖花开，北方却还可能出现霜雪漫天的景象。

立春迎春

立春代表着万物复苏，代表着新的一轮春生、夏长、秋收、冬藏的开始。人们会用各种方式迎接春天的到来。

古时立春的一大早，皇帝要带领文武大臣和仪仗队，穿着青衣，隆重地到东郊迎春，祈求一年的丰收。

在民间，为了迎接春天的到来，提醒人们开始春耕，很多地方还有“打春”的习俗。人们事先把用泥塑成的春牛准备好。到了立春，地方官员带头亲自扶犁(lí)，用鞭(biān)子抽打春牛，这代表春耕的开始。人们随后也会一边扶犁，一边鞭打春牛，嘴里还喊着“一打‘风调雨顺’，二打‘国泰民安’，三打‘五谷丰登’”等寓意吉祥的话语。被打落的春牛泥块，人们会兴高采烈地争抢着拿回家去，因为春牛代表着吉祥。

立春也叫啃春、咬春，这天，很多人家不管是大人还是小孩都会对着萝卜啃上几口，这就是“啃春”的习俗。传说这个习俗最初是为了治疗和预防瘟疫(wēn yì)而生，后来民间也认为食萝卜可以免除疥(jiè)疾和解除春困，所以就延续下来。除了啃萝卜，民间在立春还有佩燕子、戴春鸡、吃春茶、吃春卷等习俗。

浙江省衢(qú)州市柯城区九华乡保留着我国唯一一座完整的供奉春神的大殿——九华梧桐祖殿。每年立春时节，人们在这里举行立春祭，祭拜春神句芒。大家还扎春牛、打春牛、踏青，以此表达对国泰民安、五谷丰登的企盼。

汤显祖

汤显祖（1550—1616），字义仍，号海若、若士，江西临川人，中国明代戏曲家、文学家。汤显祖有多方面的成就，而以戏曲创作为最。其戏剧作品《牡丹亭》《紫钗记》《南柯记》《邯郸记》合称“临川四梦”，其中《牡丹亭》（即《还魂记》）最为有名。

浙江省遂(suí)昌县保留有“班春劝农”的习俗，传说这个习俗和明代文学家汤显祖有关。他任遂昌知县时，曾颁布“春耕令”，策励农民春耕，后来该习俗在当地逐渐流传了下来。

居住在贵州石阡的侗(dòng)族人民，在立春时节有“说春”的风俗。艺人装扮成春官——传说中负责农耕事务的官员，唱着歌谣，提醒人们准备春耕，祝福大家一年风调雨顺、丰衣足食。

立春是个喜气洋洋的节气。立春到了，沉寂的大地又复苏了，到处充满无限生机和希望，一个新的轮回又开始了。

立春后，你会在公园或者路边发现有黄色的小花陆续展开花瓣，很多人都说那是“迎春花”，其实，很有可能是误认了和迎春花很相似的“连翘花”。如何区分两种花呢？数花瓣是最简单的方法：迎春花的花瓣是6瓣，而连翘花是4瓣。

春天是万物复苏和生长的季节，立春时节的迎春习俗非常多。想一想，古时候的人们都有什么迎春的习俗呢？

雨水

春夜喜雨

◎ 唐 · 杜甫

好雨知时节，当春乃发生。

随风潜入夜，润物细无声。

早春呈水部张十八员外

◎ 唐 · 韩愈

天街小雨润如酥，草色遥看近却无。

最是一年春好处，绝胜烟柳满皇都。

有雨的日子，仿佛激起了诗人们更丰富的情志，与春雨相关的诗词也格外多。

诗人杜甫在《春夜喜雨》里表达了对来得恰到好处的春雨的喜爱之情。

诗人韩愈在《早春呈水部张十八员外》里则用“润如酥”来形容春雨。

杜甫

杜甫（712—770），字子美，自号少陵野老，唐代伟大的现实主义诗人，被后世尊为“诗圣”。杜甫的核心思想是仁政，他有“致君尧舜上，再使风俗淳”的宏伟抱负。杜甫在世时声名并不显赫，但后来声名远播，对中国文学和日本文学都产生了深远的影响。杜甫共有约 1500 首诗歌流传于世，多集于《杜工部集》。

雨水节气接着立春节气而来，排在二十四节气中的第二位。从字面上看，它与立春不同，体现出春季的降水现象。雨水在公历2月19日前后，此时太阳到达黄经330度，北半球正午太阳的高度逐日增加。雨水过后，气温回升，降水逐渐增多，空气渐渐湿润。

韩愈

韩愈(768—824)，字退之，自称"郡望昌黎"，世称"韩昌黎""昌黎先生"。唐代杰出的文学家、思想家、哲学家、政治家，"唐宋八大家"之首。他提出的"文道合一""气盛言宜""务去陈言""文从字顺"等写作理论，对后人很有指导意义。著有《韩昌黎集》等。

雨水物候

一候 獭（tǎ）祭鱼

天气渐暖，感受到春天召唤的鱼群纷纷向水面游动，贪吃的水獭看准这一时机大量捕食。水獭把捉到的鱼咬上几口，然后就好像举行祭奠仪式一般，将鱼放在一旁。等鱼堆到一定程度时，水獭才会去吃。

二候 候雁北

守时的候鸟大雁，此时开始从南方向北迁徙。从去年的白露节气到现在的雨水节气，到南方越冬的大雁将再次飞越千山万水，重回故地。

三候 草木萌动

花草树木感受到了环境的温暖，在雨水的最后一候抽出嫩芽，开始萌发。

雨水草萌动，农夫备春耕

“雨水草萌动，嫩芽往上拱，大雁往北飞，农夫备春耕。”这句谚语描绘出了一幅生机勃然的春景图。有些地区把步入雨水的这一天叫作雨水节。人们在这一天开始蓄水，为即将到来的春耕做准备。雨水不足的地区，为了预防春旱的发生，还要及时对农作物进行浇灌，好促进农作物的生长。

人们在雨水节气还提出了一个养生原则——春捂。此时寒流较多，气候寒湿，易有“倒春寒”，所以应该注意保暖。

问

天空中的雨水来自哪里？是不是取之不尽，用之不竭？人类的行为会对雨水的形成产生怎样的影响呢？

答

惊蛰

田家四时

◎ 宋・梅尧臣

昨夜春雷作，荷锄理南陂。
杏花将及候，农事不可迟。
蚕女应自念，牧童仍我随。
田中逢老父，荷杖独熙熙。

惊蛰（zhé）是春天的第三个节气，在公历 3 月 6 日前后。此时太阳到达黄经 345 度的位置，北半球气温回升较快，逐渐有春雷萌动。

天气回暖，雷声始鸣

惊蛰是特别有意思的一个节气。二十四节气里，只有惊蛰把小动物在节气里的行为写到了名称里面。

那么，“惊蛰”是什么意思呢？这一节气原名“启蛰”，为了避汉景帝刘启的讳（huì）而改为“惊蛰”。《月令七十二候集解》中记载：“二月节……万物出乎震，震为雷，故曰惊蛰，是蛰虫惊而出走矣。”

“惊蛰”这个名称赋予节气以生命感和画面感，使节气名称变得生动起来。动物入冬藏在土中，不饮不食，称为蛰。“惊”是天空之中的一声炸雷，雷声一响，打破了冬季以来的沉寂，那些藏起来冬眠的小动物们都在雷声的呼唤中醒来。对小动物们来说，生命的新一轮活动开始了。

究竟是不是雷声把沉睡中的小动物唤醒的呢？其实，藏在地里的小动物是听不到雷声的。惊蛰期间，地面接收到的太阳热量越来越多，使得地面温度上升，本来冻结的泥土变得松软起来，感受到这一变化的小动物们，就开始扭动身子准备往外爬了。

惊蛰物候

一候 桃始华

“华”，开花的意思。随着气温的提升，桃花到了盛开的时节。

二候 鸧鹒鸣（cāng gēng）

鸧鹒指的是黄鹂，黄鹂在树间婉转地鸣叫。

三候 鹰化为鸠（jiū）

鹰与鸠是两种完全不同的鸟。鹰的体形庞大，凶猛雄壮。鸠，又叫子规、杜鹃，也是我们常说的布谷鸟，这种鸟体形弱小，与鹰相差很远。由于繁衍的需要不同，鹰在这时将自己的身形悄悄地隐匿起来，繁育新生。而子规却在此时欢快啼鸣，求偶繁育。古人看到鹰的数量减少，子规的数量增多，便有了“鹰化为鸠”的说法。

二月二，龙抬头

春天到了，万物苏醒。古人认为，春雷一动，不仅蛇虫蚁等动物从冬眠中苏醒，龙这一神兽也将要醒来。《易经》

的描述是，龙由“潜龙在渊”变为“见龙在田”。因此，古人把农历二月初二这天定为“龙抬头”。

古时候，人们在对星象的观察中发现了“龙抬头”的迹象。古人夜晚行路靠的是月光和星光。为了辨别天上浩若烟海的星星，他们把星星分成了28组，就是我们常说的二十八星宿。二十八星宿又分为东西南北四个宫，位于东宫的是苍龙。每年农历二月初二的黄昏，东宫苍龙的角宿一星、二星便在东方的天边展露，“龙身”却还隐没在地平线以下，这就是“龙抬头”。

明代画家唐寅(yín)画有一幅《清溪松阴图》，画上题有一首诗：“长松百尺荫清溪，倒影波间势转低。恰似春雷未惊蛰，髯(rán)龙头角暂(zàn)皤(pó)泥。”画家把画中的松树比作潜龙，浅水把它困住只是暂时的情况，只等到惊蛰之日，春雷响起，英勇的龙定会一飞冲天。

《易经》

《易经》是我国自然科学和社会科学融为一体的充满辩证法的哲学书。《易经》分为三部，天皇氏时代的《连山》《归藏》和秦汉时期的《周易》，并称为“三易”，《连山》《归藏》已失传。《易经》是古代人们定天象、法地仪，观象授时、创制历法等活动的依据。

唐寅

唐寅（1470—1523），字伯虎，小字子畏，号六如居士。明朝著名书法家、画家、诗人，“明四家”之一。弘治十二年（1499年），被卷入明代弘治己未科场案，坐罪入狱，贬为浙藩小吏。从此，丧失科场进取心，游荡于江湖，埋首于诗画之间，终成一代名画家。唐寅绘画宗法李唐、刘松年，色彩艳丽清雅，亦工写意人物，神态妙趣恣意，书法奇峭俊秀。

《清溪松阴图》

炒蝎（xiē）豆

惊蛰时，各种冬眠的小虫都会苏醒跑出来，因此在民间有炒虫、食虫的习俗。特别是在二月二这一天，炒蝎豆的习俗很流行，蝎豆指的就是黄豆等谷物，谷物在锅里被炒得噼啪作响，就好像是毒虫在挣扎。人们认为，在春天吃了这样炒过的五谷，就能无病无灾，平安一年了。

说起“虫”，当代人的反应都是小虫子，而古代人却不这么认为。他们将全体动物分为五类，称为五虫：羽虫——禽类，以凤凰为首；毛虫——走兽类，以麒麟（qí lín）为首；甲虫（介虫）——有甲壳的虫类及水族，以灵龟为首；鳞虫——长着鳞片的类群，还包括有翅的昆虫，以蛟龙为首；蠃（luǒ）虫（倮（luǒ）虫）——不长羽毛鳞甲的一类，以人为首。

问

在中国人的心中，龙有着很高的地位。有个带有“龙”字的成语，表达了父母盼望孩子有所作为，你能说出这个成语是什么吗？

你能选出正确的答案吗？请在正确的答案后面打“√”。

答① 龙凤呈祥 □

答② 望子成龙 □

答③ 叶公好龙 □

答案在第 38 页

春分

踏莎（suō）行

◎ 宋 · 欧阳修

雨霁风光，春分天气。千花百卉争明媚。
画梁新燕一双双，玉笼鹦鹉愁孤睡。

薜荔依墙，莓苔满地。青楼几处歌声丽。
蓦然旧事上心来，无言敛皱眉山翠。

春分是春天的第四个节气，在公历 3 月 21 日前后，此时太阳到达黄经 0 度（或者 360 度），太阳直射赤道，南北半球昼夜平分。

不知道你有没有观察过白天和黑夜的时间长短。一年之中，地球上只有两天的白天和黑夜的时间是相等的，那就是春分、秋分两个节气到来的日子。这两天，南北半球白天和黑夜都为 12 小时。

春分不仅将日夜等分，还将春季平分，汉代的董仲舒说：“春分者，

董仲舒

董仲舒（前 179—前 104），西汉思想家、政治家。他主张将儒家思想与当时的社会需要相结合，提出“天人感应”“大一统”学说和“罢黜百家，独尊儒术”，为汉武帝所采纳，使儒家思想成为中国社会正统思想，影响长达两千多年。

阴阳相半也，故昼夜均而寒暑平。”

农谚说，“春分麦起身，一刻值千金”，春分时节正是一刻都不能耽搁的宝贵时节，农业生产进入繁忙阶段。

春分物候

一候 玄鸟至

“玄”是黑色的意思。玄鸟，这里指小燕子。这句话是说小燕子从南方飞回来了。

二候 雷乃发声

从这一节气开始，下雨的时候要打雷了。你能读懂雷声吗？古代气象学著作《田家五行》中记载：“凡雷声响烈者，雨阵虽大而易过；雷声殷(yin)殷然响者，卒不晴。”意思是，如果雷声隆隆震耳欲聋，则会有强烈而短暂的降雨；如果雷声闷，降水则不强，但会持续不断。

三候 始电

春分三候，闪电也在雷雨天气里出现了。

春分祭日

在古代，春分可是一个重要的节日。《礼记》上说“天子春朝日，秋夕月”，在春分这天，皇帝要祭日，祈祷风调雨顺，国泰民安。你去过北京的日坛公园吗？明、清两代的皇帝在春分日都会在这里祭祀大明之神——太阳。至于春分祭日的仪式起源，则要追溯(sù)到周代了。

春分到，蛋儿俏

在古时候，蛋可不一般。你听过盘古开天辟地的故事吗？盘古睁开眼睛，发现天地之间一片混沌，仿佛是个大鸡蛋。盘古用一把大斧子劈开了“大鸡蛋”，轻而清的东西上升，变成了天，重而浊的东西下沉，变成了地……

般人的始祖契(xiè)的诞生与蛋有关。传说契的母亲因为吃了玄鸟的蛋，怀孕生下了契。后来，契创建了商朝，被称为玄王。

很多节气都有鸡蛋的身影：春分和秋分“竖蛋”；清明挂鸡蛋；立夏和夏至吃鸡蛋……

古时候，小孩子会在春分这天聚在一起竖蛋，如果能把一个鸡蛋竖起来，那可是一件很威风的事情。

安仁“赶分社”

在我国湖南郴(chēn)州安仁县，至今有春分“赶分社”的习俗，这个习俗是为了纪念神农氏。相传，神农氏带着随从到了安仁境内，尝百草，治百病，还教会了人们耕种。人们为了纪念神农氏，在春分前三天和后三天会举行唱社戏和舞龙舞狮的祭祀活动。

问

以下哪一项不是春分时节的习俗？

你能选出正确的答案吗？请在正确的答案后面打“✓”。

答1 竖蛋 □

答2 祭日 □

答3 吃冷的食物 □

答案在第42页

古书里有“春分祭日，秋分祭月，乃国之大典，士民不得擅祀(shàn sì)”的记载，这表明，春分祭日和秋分祭月在古人心中的分量是很重的，是由国家举办的重大典礼。

清明

清明

◎ 唐 · 杜牧

清明时节雨纷纷，路上行人欲断魂。

借问酒家何处有，牧童遥指杏花村。

清明是春天的第五个节气，在公历 4 月 5 日前后，此时太阳到达黄经 15 度，直射北半球，北半球白天比黑夜长。“清明”是天清地明的意思，此时大地柳暗花明，万物生长。

清明物候

一候 桐始华

桐树开始开花。桐，指的是白桐，也就是泡桐，这种树树干笔直，是古代制作乐器的首选木材。它的花为淡紫色，满树开放的时候很是壮观。

二候 田鼠化为鴽(rú)

鴽，指的是鹌鹑(ān chún)之类的小鸟。清明五天后，喜阴的田鼠便躲起来了，取而代之的是欢快鸣叫的小鸟。

三候 虹始见

这时，新雨后的天空开始出现彩虹了。

清明前后，种瓜点豆

清明期间，我国从南到北都已经没有寒冬的迹象了，各个地方气温升高，雨水充足，农作物开始迅速繁殖，正是进行春耕春种的大好时机。民谚说，“清明前后，种瓜点豆”。在适合播种的清明节气，农民们都会抓紧时机，忙碌于关系一年收成的农事。

清明期间，要注意防范冷暖空气频繁交替导致的持续不断的阴雨天气。阴雨绵绵会造成光照不足、气温走低，不利于农作物生长。

清明节的来历

清明是节气也是节日，把它作为节日，在我国已经有2000多年的历史，因寒食节与清明节的日子接近，后来人们把两者合二为一。这一天，人们不生烟火，只吃冷的食物。为什么不能生火？这是因为发生于春秋时期的一场大火。

相传春秋时期，晋国公子重耳为了躲避仇人迫害，被迫流亡他国。有一天重耳又饿又累，跟随他的大臣们找不到一点儿吃的东西，眼看重耳就要饿晕了。情急之下，有个叫介子推的随从，从自己的大腿上割下一块肉，煮了汤给重耳喝。

在外逃亡19年后，重耳回到晋国做了国君。他对当时陪他一起流亡在外的大臣们一一封赏，唯独忘了介子推。介子推毫不怨恨，带着老母亲去了绵山居住。

后来有人替介子推鸣不平，提醒晋文公。晋文公自责万分，带上大臣们去绵山，想请介子推回朝。绵山树林茂密，不论晋文公派出多少人寻找，都没有找到介子推母子。就在晋文公一筹莫展之时，有人建议放火烧山，到时候介子推母子无处藏身，肯定就出来了。

晋文公按照这个办法做了，可直到烧尽树林，也不见有人从山里出来。最终，人们在一棵老柳树下找到了被烧死的介子推和他的母亲。人们在介子推用自己的脊背堵住的柳树洞里找到了一封血书，介子推在上面写道：“割肉奉君尽丹心，但愿主公常清明……”

晋文公懊悔不已。安葬了介子推母子之后，他将这一天定为寒食节，规定每年此日不可生火，以表示对介子推的哀思。

第二年，晋文公率众臣再次来到绵山祭奠介子推。他发现曾经烧焦的老柳树又发出了新芽，于是将老柳树命名为清明柳，并将寒食节后的一天定为清明节。

之后，寒食节和清明节渐渐融合。在赋予它纪念介子推、向往清明廉洁的含义后，清明超出了节气的意义，又逐步演变成扫墓祭祀、踏青郊游、荡秋千和插柳的节日了。

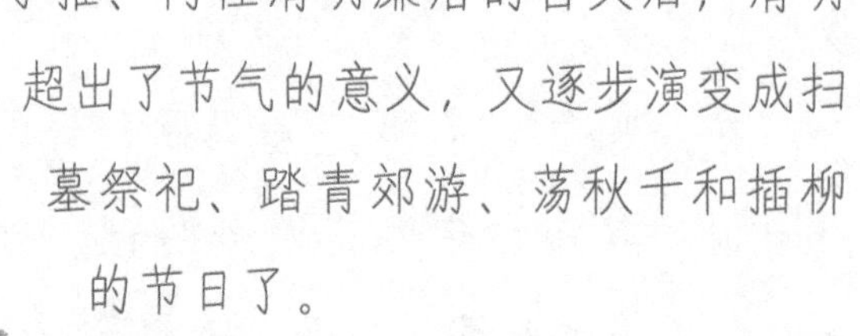

我国江南茶区有“明前茶，贵如金”的说法，说的是清明节气前采制的茶叶细嫩，是茶中佳品，但这一时期能够采摘的数量稀少，因此十分珍贵。

问

清明节时，古人有踢蹴（cù jū）鞠的习俗。你知道踢蹴鞠和现在哪项体育运动相似吗？

你能选出正确的答案吗？请在正确的答案后面打“√”。

答1 打橄榄球 □

答2 打篮球 □

答3 踢足球 □

答案在第46页

谷雨

如梦令

◎ 宋 · 李清照

昨夜雨疏风骤，浓睡不消残酒。

试问卷帘人，却道海棠依旧。

知否，知否？应是绿肥红瘦。

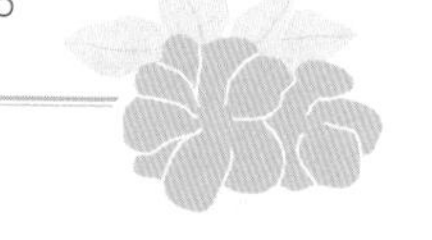

答3 第45页问题你答对了吗？

谷雨是春天里的最后一个节气，这时花红柳绿的春色逐渐逝去，善感的古人用诗句来抒发内心对所见景物即将消逝的伤感之情。孟浩然用“夜来风雨声，花落知多少”抒发了对春光流逝的淡淡哀怨。“惆怅阶前红牡丹，晚来唯有两枝残。明朝风起应吹尽，夜惜衰红把火看。”白居易在《惜牡丹花》中也表达出自己对春景渐逝的惆怅（chóu chàng）。

谷雨在公历 4 月 20 日前后，此时太阳到达黄经 30 度。

一候 萍始生

谷雨时节，各种植物快速繁殖，浮萍也开始生长了。

二候 鸣鸠拂其羽

鸠，布谷鸟，它常站在田间地头的树枝上，一边用嘴巴梳理自己的羽毛，一边“布谷布谷”地啼叫，好像是在催促人们抓紧时间“种谷种谷”，不要耽误了农时。

三候 戴胜降于桑

戴胜已经飞回降落在桑树上了。戴胜就是鸡冠鸟，也是一种候鸟。当戴胜飞回时，正是采桑养蚕的好时节。

谷雨三朝看牡丹

谷雨时节正是牡丹花盛开的时候。有一个关于牡丹仙子的故事，看完之后，你一定会更加喜欢牡丹。

传说有一年冬天，女皇武则天带着众人到上苑赏雪。此时大雪刚停，一切景物都被大雪覆盖，银装素裹，宛若仙境。忽然，一点红色进入武则天的眼帘，原来是盛开的红梅。这红梅映着皑皑白雪，傲然盛开于冰雪之中。武则天看得满心欢喜。这时，有人说了一句：“陛下，红梅固然美丽，可一枝独放，哪比得过百花齐开呀！”武则天一听，顿时也觉得有些扫兴，就作了一首五言诗，写在一块白绢上：“明朝游上苑，火急报春知。花须连夜发，莫待晓风吹。”

写完后，武则天让宫女把绢焚烧了。这是武则天在告诉百花仙子们，她明天还要再来上苑，让百花连夜盛开。

百花仙子们得知武则天的意图后，急忙凑在一起商量对策。大家都听闻武则天做事心狠手辣，只能违心地同意开放，唯独牡丹仙子坚决反对：“百花开放，自有自己的时令，岂能因为惧怕就胡乱篡(cuàn)改，坚决不能开！”其他仙子劝说不了牡丹仙子，就悄悄散去，各自开花去了。

第二天，上苑里果然百花盛开，桃花、李花、杏花、玉兰、海棠(táng)、丁香、芍药、芙蓉全都竞相开放，群花斗艳，煞是美丽。此时，闻讯赶来的群臣都在啧(zé)啧称赞花的美丽和皇帝的神威。武则天看到这样的情景喜不自胜。不过，她还是发现了一些光秃秃的枝杈，那正是不愿开花的牡丹。盛怒之下，武则天命人放火将牡丹全部焚烧，一株不留。

牡丹残破的根被扔到了洛阳邙(máng)山一个偏僻凄凉的沟壑(hè)之地。牡丹仙子强忍痛楚，帮助众牡丹花在邙山扎根。

第二年春天，谷雨一到，新生的牡丹在邙山竞相开放，千姿百态。人们赞赏牡丹历经烈火而重生的刚身劲骨，赞誉它为“焦骨牡丹”。

谷雨祭仓颉

在谷雨期间，有一位历史文化人物会被人们隆重祭祀，他就是文祖仓颉。传说，是仓颉创造了我国的象形文字。在仓颉造出文字的这一天，“天雨粟，鬼夜哭”，从天而降的谷子像大雨一样落入人间，所以这天得名“谷雨”。

谷得雨而生

“谷雨”的原意为“谷得雨而生”。对于春天的农作物而言，此时上升的温度、适量的雨水是保证其生长的必要条件。如果谷雨期间雨水不够，古时候的人们还会举行祈雨仪式。农民们要趁着这个时节加紧耕种，以获得好的收成。

谷雨节气到来时，大地的色彩算是真正丰富起来了：黄的油菜花，粉红的桃花，白的杏花，还有嫩绿的新茶——大地上的景色美不胜收。

谷雨以后，气温升高，为了减少病虫害对农作物的伤害，民间有在此时贴“谷雨贴”的传统。谷雨贴也叫禁蝎咒，是一种特殊的农家年画。

问

如果你是牡丹仙子，会因为武则天的强势而妥协吗？生活中的你会因为阻碍而放弃坚持原则吗？

认识夏天的六个节气

节气	物候
立夏	蝼蝈鸣 蚯蚓出 王瓜生
小满	苦菜秀 靡草死 麦秋至
芒种	螳螂生 鵙始鸣 反舌无声
夏至	鹿角解 蜩始鸣 半夏生
小暑	温风至 蟋蟀居壁 鹰始击
大暑	腐草为萤 土润溽暑 大雨时行

夏之神为祝融。

祝融原是三皇五帝时期夏官火正的官名，后来流变为神名。据说祝融人面兽身，性格暴躁，神力威猛，打败了共工，杀死了治水不力的鲧(gǔn)，还教给了人类如何使用火，因而又被称为赤帝。祝融也作朱明。

立夏

立夏四月节

◎ 唐 · 元稹（一说卢相公）

欲知春与夏，仲吕启朱明。

蚯蚓谁教出，王菰自合生。

帘蚕呈茧样，林鸟哺雏声。

渐觉云峰好，徐徐带雨行。

立夏标志着春天的结束和夏天的开始。这首五言律诗是唐代诗人元稹所作，描写了大自然春夏之交的物候现象。“仲吕”出自“孟夏之月，律中仲吕”，是农历四月的代称，“朱明”指夏季。蚯蚓从土里爬了出来，自由自在地松着土，王菰（即王瓜）的藤蔓在快速地生长，桑蚕开始吐丝作茧，林中的雏鸟们正叽叽喳喳地等待着捕虫回来的爸爸妈妈……山峰之间，云雾缭绕，细细缓缓的小雨与人相伴而行。这首诗清新、惬意，生动地描绘出了充满朝气的初夏景色。

立夏在公历 5 月 5 日前后，此时太阳到达黄经 45 度。

从春到夏，满眼的嫩绿已悄然换成了蓬勃的浓绿。《月令七十二候集解》中讲：“夏，假也，物至此时皆假大也。”

“假”是大的意思。夏天，农作物生长到了最快速的时节，进入了生长旺季，故有“立夏看夏”之说。

立夏物候

一候 蝼蝈鸣

“蝼蝈”自古有两种不同的解释：《月令七十二候集解》认为是土中的害虫。天气渐热，害虫多生，物候的变化提醒人们在农作物快速生长的时节要注意预防虫害。而《礼记训纂》则认为是蛙类。立夏之后，田间地头的虫和蛙们都叫了起来。

二候 蚯蚓出

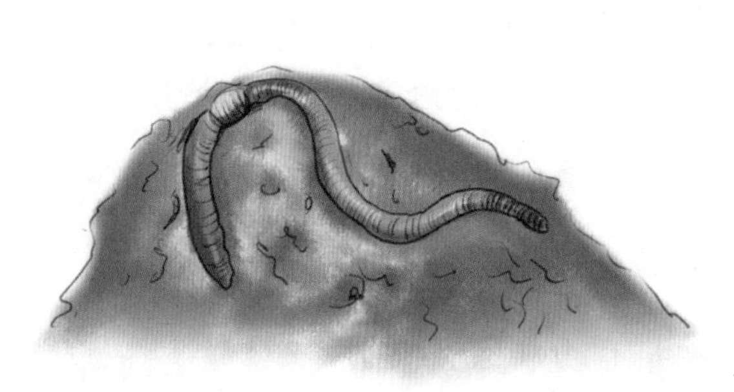

立夏五天之后，就可以看到蚯蚓在雨后出现。蚯蚓生活在湿润的土壤当中，它依靠皮肤呼吸。但是雨后，由于土壤中的空隙被雨水填满，氧气被挤出，土壤里的含氧量下降，蚯蚓无法呼吸被迫爬出地面来透气。

三候 王瓜出

立夏后，气温迅速攀升，农作物生长也越来越快，王瓜的藤蔓开始迅速攀爬生长。

立夏迎夏

立夏节气早在战国末年就已经被确立。古时候，季节转换，对于住在皇宫里的皇帝来说，这是一件极其重大的事件。据《后汉书 · 礼仪志》记载，立夏时，皇帝会带着大臣和车马仪仗，全部着红色，迎夏于皇城南郊，以隆重的典礼来祭奠火神祝融和祖先，祈求国泰民安。

立夏颁冰

从春到夏，天气越来越热，现在的我们可以吹空调、吃冰棍儿消暑，但古人怎么度过炎热的夏天呢？

和我们一样，古人在夏天也喜欢凉的东西。皇帝在南郊迎夏祭神后，会回到宫殿对王公大臣们进行赏赐，其中主要的赏赐便是冰。那时候他们虽然没有冰箱等制冷设备，可是他们有在冰窖(jiào)里保存的天然冰。

位于北京市西城区雪池胡同的雪池冰窖，就是当年有名的皇家冰窖。它存储的是每年腊月从太液池、什刹(shí chà)海及护城河中取来的天然冰。冰窖供冰的时间一般从农历五月初一一直持续到七月三十。

立夏称人

在我国南方有立夏“称人”的习俗，相传起源于三国时期。诸葛亮七擒孟获之后，孟获对诸葛亮佩服得五体投地。诸葛亮临终前嘱咐孟获每年都要来看望阿斗，照顾好阿斗。孟获不忘诸葛亮的重托，即便是后来蜀国被灭，阿斗被掳去洛阳，孟获依然在每年的立夏这天去看望阿斗。为了考量晋武帝是否苛待阿斗，孟获每次都要称量阿斗的体重。

日子久了，这个做法便传开了，渐渐有了立夏称人的习俗。立夏这天，人们会用一个很大的秤来称体重。

诸葛亮

诸葛亮（181—234），字孔明，号卧龙，三国时期蜀汉丞相，杰出的政治家、军事家、文学家、书法家、发明家。诸葛亮散文代表作有《出师表》《诫子书》等。曾发明木牛流马、孔明灯等，经他改造后的连弩被叫作“诸葛连弩”，可一弩十矢俱发。诸葛亮一生“鞠躬尽瘁、死而后已”，是中国传统文化中忠臣与智者的代表人物。

俗语说："立夏吃了蛋，热天不疰(zhù)夏。"中医把在夏季倦怠、嗜睡、低热、食欲缺乏为主要表现的病称为疰夏，是中暑的先兆。为了预防中暑，人们想出了很多办法，其中绿豆汤就是一味很好的消暑饮品。

你喜欢孟获这样的人吗？他信守自己的承诺，说到就一定会做到。你身边有没有这样的朋友？

小满

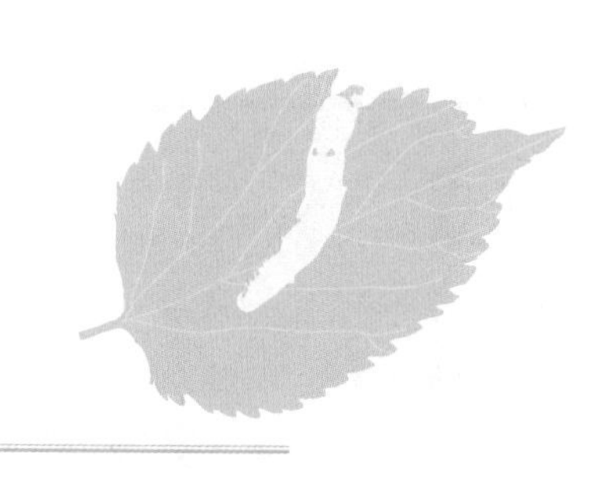

归田园四时乐春夏二首 · 其二

◎ 宋 · 欧阳修

南风原头吹百草，草木丛深茅舍小。
麦穗初齐稚子娇，桑叶正肥蚕食饱。
老翁但喜岁年熟，饷妇安知时节好。
野棠梨密啼晚莺，海石榴红啭山鸟。
田家此乐知者谁？我独知之归不早。
乞身当及强健时，顾我蹉跎已衰老。

小满是夏季的第二个节气，在公历 5 月 21 日前后，此时太阳到达黄经 60 度。

小满，字面上的意思是“小得盈满”。它的第一层含义与农作物有关，指的是北方农作物的籽(zǐ)粒部分开始灌浆；第二层含义与农事有关，指的是南方地区要在小满节气保证田地里的水分充足。到了小满节气，全国各地的气温都急速攀高了。南方和北方都进入了农活最繁忙的时候，各种农业用具也都登上了“舞台”。

小满物候

一候 苦菜秀

小满节气，农作物开始灌浆，正是要满未满没有成熟的时候。这时地里长出的苦菜缓解了古时人们吃菜面临青黄不接时的窘(jiǒng)迫，而现在，人们则因其清热解毒的功效常在夏天食用。

二候 靡草死

靡草，《礼记·月令》中记录为“以其枝叶靡细，故云靡草”。它的生长规律和大多数植物不太一样，它喜阴，随着小满节气阳气日盛，靡草的那些细软的枝叶便在这一时节枯黄老死了。

三候 麦秋至

“麦秋”不是指秋天的麦子。《月令章句》中记载“麦以孟夏为秋”，意思是麦子在初夏成熟。

小满动三车

在我国江南一带，有“小满动三车”的说法，指的是小满时，要把丝车、油车和水车动起来了。

我们会用“男耕女织”来形容古时人们和谐的乡间生活，“耕”是指耕田，“织”便是指纺织。我国北方妇女大多用棉花纺织，江南一带的妇女则用蚕丝纺织。养蚕制丝在夏朝就已经出现了，是我国江南一带农村的重要副业。小满时，桑蚕吐丝形成蚕茧，农妇在这天把蚕茧拿到锅里煮，用手抽丝，这种将蚕茧抽出蚕丝的工艺叫作缫(sāo)丝。也是从这时候开始，农妇就要开始摇动丝车织绸了。小满节气的当天是蚕神诞生的日子，人们会祭祀蚕神。相传嫘(léi)祖便是蚕神之一。

油菜在小满节气已经可以采摘，油菜籽也能用来榨油了。榨油工具油车自然也就忙碌起来了。

水车是人类早期发明的一种灌溉机械。在降水不足的时候，人们利用水车的联动装置将低处的水带动升高，给农作物灌溉。

小满这一天，人们会祭祀水车神。在天还未亮的时候，人们将各家水车按“一”字形在河边排开，并摆好祭祀用品。等人们将准备好的一碗白水撒入自家田里后，只听令声一响，大家一起飞快地踩动水车，河里的清水便如条条小白龙一般，向田里飞去。古人用这样的仪式，来祈求一年的风调雨顺和五谷丰登。

二十四节气里的小寒、小暑、小雪都有大寒、大暑和大雪相对应，唯独小满没有“大满”对应。这是为什么呢？原来，古人认为，“水满则溢（yì）”“月盈（yíng）则亏”，这是古人哲学思想的反映。

“满招损，谦受益”这句话说的是什么意思？你对这句话有什么感想呢？

芒种

时雨（节选）

◎ 宋 · 陆游

时雨及芒种，四野皆插秧(yāng)。
家家麦饭美，处处菱(líng)歌长。

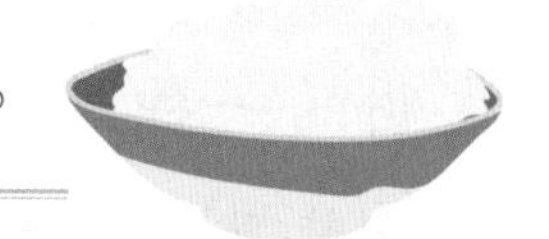

芒种在公历 6 月 5 日前后，此时太阳到达黄经 75 度。

芒种物候

一候 螳螂生

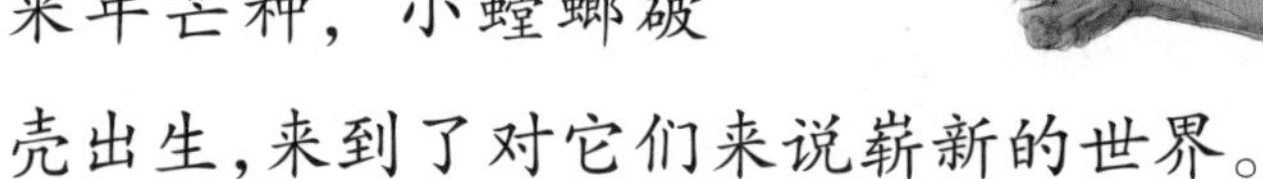

螳螂在前一年的深秋时节产卵，直到来年芒种，小螳螂破壳出生，来到了对它们来说崭新的世界。

二候 䴗(jú)始鸣

“䴗”指伯劳鸟，是一种小型猛禽。䴗喜阴，芒种五日后在枝头出现，叫声尖锐，感阴而鸣。

三候 反舌无声

“反舌”指反舌鸟，又叫百舌鸟、乌鸫，它的样子和乌鸦有点儿相像，但是体型比乌鸦小。雄鸟眼睛周围因为有一圈黄色而显得美丽。它可以模仿其他鸟类的叫声，却因感受到阴气的滋长而在芒种第三候到来时闭口不叫。

送花神

我国古典文学名著《红楼梦》里，有一段人们在芒种饯(jiàn)别花神的情节：“凡交芒种节的这日，都要摆各色礼物，祭饯花神，言芒种一过，便是夏日了，众花皆谢，花神退位，须要饯行。”

在作者曹雪芹笔下，大观园里的人们在芒种送别花神是这样的：一大早，姑娘们打扮得“桃羞杏让，燕妒莺(yīng)惭”。她们细心地用花瓣、柳枝、绫罗纱锦做成轿、马和旗帜，把它们用彩线系挂于花梢枝头，作为饯送花神的仪仗。

芒种芒种，忙收忙种

芒种期间，田野里到处是农民们忙碌的身影。在北方地区，像麦子这类有芒的农作物已经陆续成熟，农民们要忙着收割，因为紧随而来的阴雨季节可能会让收成大打折扣。秋季农作物的播种也要抓紧时机赶快开始，这样在天气寒冷之前它们才可能有足够的生长期。对正处于生长高峰期的其他农作物也要及时做好追肥和浇水的管理。人们对这个时期有种形象的叫法——“三夏”大忙季节。

麦芒是麦穗（suì）上的针状芒刺，“针尖对麦芒”本意指针尖对着麦穗上的针状芒，比喻针锋相对，互不相让。

问

陆游是著名的南宋文学家、史学家和爱国诗人。你还读过陆游的哪些诗词？把它们找出来，在下面或者用本子记录下来吧。

夏至

竹枝词

◎ 唐 · 刘禹锡（xī）

杨柳青青江水平，闻郎江上踏歌声。

东边日出西边雨，道是无晴却有晴。

夏至是进入夏季的第四个节气，在公历 6 月 21 日前后，此时太阳到达黄经 90 度，直射北回归线，这一天北半球的白天最长。我国各地在夏至到来时气温已经普遍较高。

刘禹锡的《竹枝词》用“东边日出西边雨”描述了夏至以后从午后至傍晚常见的变化多端的雷雨天气。夏天的午后，由于接收到大量的太阳热量，地面温度很高，水分蒸发快，输送到空气中的水汽多了起来。这些水汽被强大的上升气流推送到高空，水汽饱和凝结，形成了厚厚的积雨云。积雨云越积越厚，一旦上升的气流无法继续托住它，就形成了降雨。

积雨云之间也会因为强烈的对流摩擦而形成闪电。因为积雨云覆盖的面积不会很大，多为几到十几平方千米，再加上它运动的速度很快，所以形成的雷阵雨不会持续很长时间，不久以后，太阳就露出了笑脸，这时候人们很可能会看到彩虹哦！

一候 鹿角解

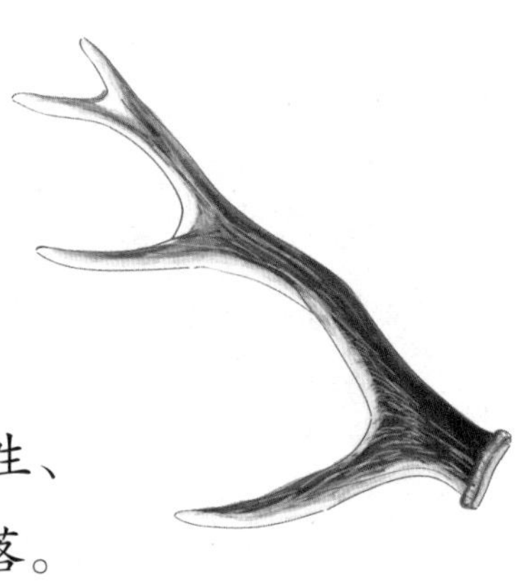

鹿与麋(mí)属同科，两者却一阳一阴。鹿属阳，角朝前，因感受到夏至日阴气的滋生、阳气的衰减而使角脱落。

二候 蜩(tiáo)始鸣

“蜩”指蝉，也就是知了。雄知了鸣叫为夏至第二候的候应。知了的幼虫在土中会生活几年甚至十几年，一旦爬上树梢开始鸣叫，它的生命就只有短短两个月左右了。

三候 半夏生

半夏喜阴，生活在沼泽、水田、溪河岸旁等潮湿的地方。此时半夏开始生长，夏天已经过了一半。

夏至祭地

作为最早确定的节气之一，夏至也被称为夏节、夏至节。夏至期间农作物生长很快，为祈求五谷丰登，夏至备受古人重视，是古代极为重要的节日之一。

古人认为大地生长庄稼，繁殖万物。从周朝开始，夏至的地神祭祀就已经是天子必须亲临的重大仪式。这一天，已先行斋戒的天子与众公卿(qīng)大臣们来到祭祀地点，以盛大的乐舞仪式祭祀地神。北京安定门外的地坛是明、清皇帝祭祀地神的场所。因为有“南乾(qián)北坤(kūn)”的说法，所以人们在皇城的北郊修建地坛。

> **乾、坤**
>
> 乾，八卦之一，代表天；坤，八卦之一，代表地。

吃了夏至面，一天短一线

夏季是小麦成熟的季节，老百姓会把新收的小麦磨成面粉，再做成面条供奉地神，表示对地神的敬畏，老百姓自己也会吃面条。从营养学角度来说，夏至吃面有一定的科学道理。夏至日虽说不是一年中最热的一天，但一年之中最炎热的时期马上就要到了，小麦营养丰富，热量低，非常适合人们在炎热的季节里食用。你看，民间流传的俗语“头伏饺子，二伏面，三伏烙(lào)饼摊鸡蛋”，这里面所说的主角不都是小麦嘛！人们早就从祖祖辈辈对自然的认知中得出了丰富的生活经验。

“吃了夏至面，一天短一线”，这句俗语有两层意思，一是表明我国很多地方有夏至吃面的习俗；二是夏至过后，由于太阳直射点向南移动，北半球地区白天日照时间变短了，古时候纺织的妇女，每天能织布的时间变短了，织成的成品也会少一些。

按照古人的说法，夏至之时，二十八星宿中苍龙星宿的“龙心”在天边显现，“飞龙在天”之景到来，这一天，白昼最长，夜晚最短。

问

刘禹锡写的诗，很多都富有哲理，比如他的《浪淘沙》里有诗句“千淘万漉虽辛苦，吹尽狂沙始到金”，说的是要历尽千辛万苦，才能淘尽泥沙，得到闪闪发光的黄金。你喜欢这句诗吗，知道它表达的是什么道理？

你能选出正确的答案吗？请在正确的答案后面打“√”。

答1 要得到宝贵的东西，非要经过一番艰辛磨炼不可 □

答2 要得到真正的黄金需要极其复杂的过程 □

答3 要将黄金制成金箔制品需要极其复杂的工序 □

答案在第70页

小暑

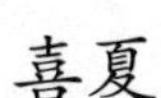

喜夏

◎金 · 庞铸

小暑不足畏，深居如退藏。

青奴初荐枕，黄妳(nǐ)亦升堂。

鸟语竹阴密，雨声荷叶香。

晚凉无一事，步屧(xiè)到西厢。

“暑”，热的意思，小暑是相对于之后的大暑而言的，意思是还没到最热的时候。小暑在公历 7 月 7 日前后，此时太阳到达黄经 105 度。

小暑物候

一候 温风至

古人对风的认识不仅仅是根据它吹来的方向，还会根据它吹在身上的感受来区分，温热的风，就是小暑节气的第一候应。

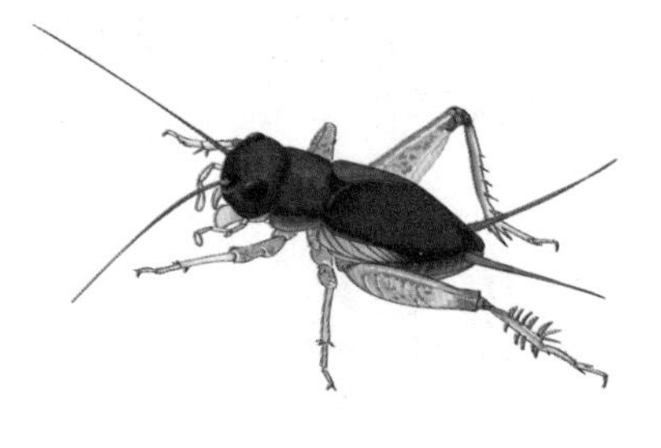

二候 蟋蟀（xī shuài）居壁

由于天气炎热，蟋蟀离开了田野，到庭院的墙脚下以避暑热。

三候 鹰始击

“击”，搏击的意思。凶猛的鹰鸷开始学习搏杀捕食的技能。

答 第68页问题 你答对了吗？

小暑过，一日热三分

随着小暑节气到来，气温一天天升高。“小暑不算热，大暑三伏天”，小暑还不是最热的时候，大暑才是。不过，近几年的气象数据统计结果显示，我国很多地区一年中的最高气温出现在小暑期间。

在炎热的夏季，太阳带给大地的热量是充足的。虽然人们普遍感觉天气闷热，但庄稼和瓜果都需要这些能量，瓜果会因为吸收到充足的热量变得香甜可口。

民间有俗语“稻在田里热得笑，人在屋里热得跳”。盛夏的高温天气对农作物生长是十分有利的，但对人们的生活却有明显的不良影响，在高温天气里要严防中暑。

翻晒经书

古时的扬州城是我国著名的佛家圣地，扬州的经书在隋炀帝时已有近十万轴。从春季开始，扬州很长一段时间处于梅雨季节，经书容易发霉。小暑一到，江南地区的梅雨季节结束，僧侣们便把经书晾晒在烈日之下，以消除霉菌蠹虫。

《西游记》里也有一段唐僧师徒晾晒经书的情节，说的是师徒四人即将到达西天求得真经时，不想，一条大河拦在了他们面前。这时，河中一只修炼千年的老龟帮助了他们，驮他们过了河。为了表达谢意，唐僧答应老龟，帮它向如来佛祖询问它几时才能修炼成人形的问题。可是，唐僧见到佛祖时，却忘了这件事。回来途中，老龟又驮着他们渡河，问到托付的事情，唐僧无言以对。老龟一怒之下，将身子一翻，师徒四人及全部经书都跌落水中。于是，师徒四人只得把经书一一翻晒在巨石之上。

于是，佛教中便有了在小暑节气翻晒经书的仪式。

问

蟋蟀也叫蛐蛐儿，查查资料，看看蟋蟀生活在什么地方？有什么习性？

大暑

晓出净慈寺送林子方

◎ 宋 · 杨万里

毕竟西湖六月中，风光不与四时同。

接天莲叶无穷碧，映日荷花别样红。

大暑节气在公历7月23日前后，此时太阳到达黄经120度。

“大暑，乃炎热之极也”，大暑前后，我国大部分地区都处于一年中最热的时期。在炎热的天气里，有一种生长于水中的植物，给人以清凉和高洁之感，它就是莲花。

确实，相比于夏季市井里斗蛐蛐儿的喧闹，池塘边的景色要雅致得多。莲花这一植物被人们赋予了高洁、娴静、优雅的品性，令无数文人墨客为之流连。宋代的周敦颐在《爱莲说》中用“出淤泥而不染，濯清涟而不妖，中通外直，不蔓不枝，香远益清，亭亭净植，可远观而不可亵玩焉”来赞美莲花。

莲还有“活化石”的称呼，它与恐龙同期，生活在温湿的沼泽和湖泊中。莲子和莲藕为最早期的人类提供了食物来源。

大暑物候

一候 腐草为萤

陆生的萤火虫会把卵产在枯草之上，到了大暑，幼虫卵化而出，体内的发光器在腐草之间若隐若现，点点闪光。

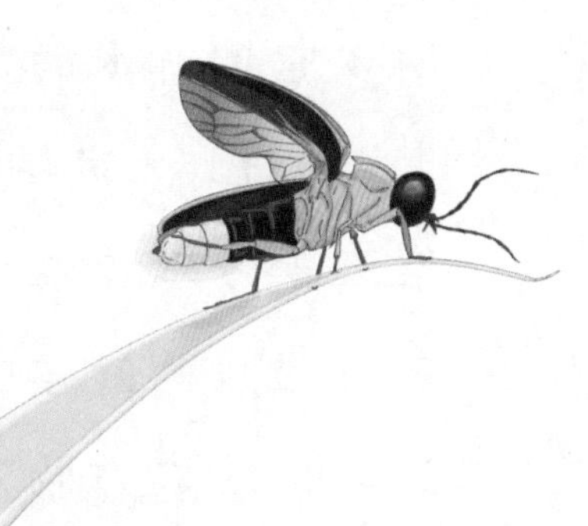

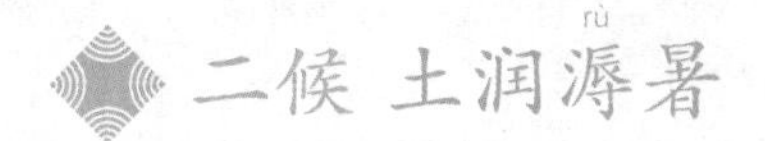

二候 土润溽暑

“溽”，湿的意思。天气变得潮湿闷热，土地湿润。

三候 大雨时行

大暑三候时，时常会有大雷雨出现，这种大雷雨会降低暑热，气温逐渐向秋季过渡。

禾到大暑日夜黄

大暑期间，在我国南方种植双季稻的地区，田里的早稻进入成熟期，是农民们最繁忙的“双抢”时节——“早稻抢日，晚稻抢时”，既要把成熟的早稻抢着收割，又要把晚稻的幼苗移栽到秧田里。

在炎热的大暑期间，各种农作物的水分蒸发非常快，所以它们对水的需求量也很大。不过，一定要注意的是，灌溉千万不能在中午太阳照射最猛烈的时候进行，因为这时候给农作物浇水，会使得土壤温度突然降低，农作物的根部功能受损，破坏农作物的生长。

问

“人人避暑走如狂，独有禅师不出房。可是禅房无热到，但能心静即身凉。”其中“但能心静即身凉”讲的是“心静自然凉”的道理，你知道这首诗的作者和名称吗？

你能选出正确的答案吗？请在正确的答案后面打“✓”。

答1 白居易《苦热题恒寂师禅室》 □

答2 范成大《剧暑》 □

答3 苏舜钦《夏意》 □

答案在第79页

认识秋天的六个节气

节气	物候
立秋	凉风至 白露降 寒蝉鸣
处暑	鹰乃祭鸟 天地始肃 禾乃登
白露	鸿雁来 玄鸟归 群鸟养羞
秋分	雷始收声 蛰虫坯户 水始涸
寒露	鸿雁来宾 雀入大水为蛤 菊有黄华
霜降	豺乃祭兽 草木黄落 蛰虫咸俯

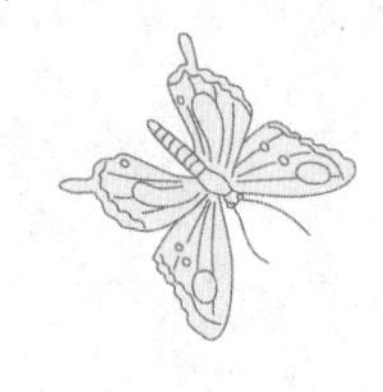

秋之神为蓐收。

蓐收为人面虎爪，左耳上有一条小蛇盘旋，是句芒的弟弟。春神句芒在东方辅佐伏羲，秋神蓐收则在西方跟随自己的父亲少昊。他和句芒的工作内容相辅相成，一个在扶桑观测太阳东升，一个在泑山记录太阳西沉。蓐收手持钺，还是刑罚之神。

《淮南子·天文篇》记载："蓐收民曲尺掌管秋天……"就是说他分管的主要是秋收科藏的事，所以是秋季之神。

立秋

立秋前一日览镜

◎ 唐 · 李益

万事销身外，生涯在镜中。

唯将满鬓雪，明日对秋风。

立秋代表着秋天的开始，在公历 8 月 7 日前后，此时太阳到达黄经 135 度。

立秋物候

一候 凉风至

此时的风已经不同于夏季的热风，而是带来些许凉爽的气息。

二候 白露降

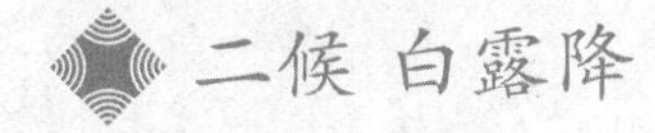

随着早晚的温度进一步降低，在清晨会见到雾气。

三候 寒蝉鸣

寒蝉，比一般的蝉小，青红色。生命的短暂让此时寒蝉的鸣叫仿佛带上了凄凉的意味。

一叶知秋

“山僧不解数甲子，一叶落知天下秋。”这句诗是说山里的僧人并不计算年月，但从树叶的凋落可以推断出秋天的到来。这句诗让我们有了“一叶知秋”“落叶知秋”的成语，也让我们感受到了秋风中夹杂着的丝丝凉意。

“梧桐一叶落，天下尽知秋。”梧桐树树叶阔大，身姿高大挺拔，素有树中之王的美称。古人认为梧桐是“通灵之树”。它有早凋(diāo)的习性，宋朝时，人们已知晓梧桐叶落标志着秋天到来。

相传，宋朝在立秋日的这天，皇宫里会有专门的人守在宫内的梧桐树下，仔细观察着树上的每一片叶子。一旦第一片叶子落下，此人便兴冲冲地大喊“秋来，秋来”，这一年的秋天到了。

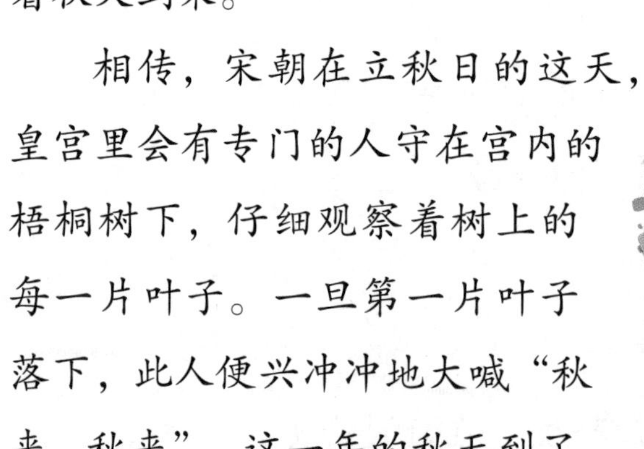

立秋迎秋

据《礼记 · 月令》记载，古时候的立秋之日，朝廷要举行盛大的迎秋仪式。在这天，皇帝亲自带着大臣们到皇城的西郊迎秋，皇帝穿着白色的衣服，乘坐白色的御辇，佩戴白玉，立着白色的旗帜。

秋天是收获的季节。古时候的农民们新收了稻谷要敬献给皇帝，皇帝在尝之前要先供奉给祖先。不论在皇宫还是民间，在立秋收获之后人们都会进行祭拜，感恩天地的庇护，大家也会品尝新收获的农作物，庆祝一年的丰收。

贴秋膘(biāo)

从天文学角度来说，立秋后北半球得到的太阳热量逐日减少，天气开始一天天变凉。天气凉快了，人们的胃口也会渐渐好转。所以在立秋当天，民间有“贴秋膘”的习俗，大家会用一顿丰厚的饭菜来补养因炎夏而亏空的身体。

苗族赶秋

“立秋十八日，寸草都结籽。”立秋过后，自然界的植物大都成熟，为了慰劳一年的辛勤劳作，居住在湘西的苗族人民会聚在一起过“赶秋节”，这是湘西花垣(yuán)、凤凰等地苗族人民的传统节日。人们停下手中的农活欢聚在一起，身着盛装，打秋千、吹笙(shēng)、唱歌跳舞。两位由大家选出的“秋老人”，还会向大家预祝丰收和幸福。

林语堂在《秋天的况味》里赞美“秋是代表成熟”，你还能找到哪些描写秋天的佳句？

处暑

早秋曲江感怀（节选）

◎ 唐 · 白居易

离离暑云散，袅袅（niǎo）凉风起。

池上秋又来，荷花半成子。

处暑是秋季的第二个节气，在公历 8 月 23 日前后，此时太阳到达黄经 150 度。处暑的到来意味着夏天的炎热结束了，我国大部分地区步入气象意义上的秋天。

处暑物候

一候 鹰乃祭鸟

鹰虽凶猛，却被称为义禽。鹰会因感受到秋天的肃杀之气而开始大量捕猎。它们会在食用前将猎物摆陈开来，就好像人们在行祭祀之礼。也有说法认为，鹰之所以开始大量捕猎，是因为秋季粮食丰收，鸟类的数量增大。

二候 天地始肃

“肃”，肃杀的意思。此时，树叶凋零，草木枯落，天地万物逐渐沉寂。

三候 禾乃登

“禾”，用来指代黍(shǔ)、稷(jì)、稻、粱类农作物。“登”，成熟的意思。处暑第三候的候应为粮食成熟了。到了处暑第三候，农民们开始秋收的忙碌，田里、谷场，到处是丰收的景象。

处暑到，暑气止

你可能觉得奇怪，处暑是秋季里的节气，名称里为什么还会有一个“暑”字？其实，处暑的“处”字在《礼记·月令》里解释为：“处，止也，暑气至此而止矣。”“处”是躲藏、停止的意思，所以处暑表示暑气到这里终止了。

我国幅员辽阔，处暑节气时，各地的天气情况并不完全相同。“处暑天不暑，炎热在中午”，处暑时节，我国长江以北地区昼夜温差较大，早晚已经感觉到凉爽的秋意了。“处暑天还暑，好似秋老虎”，这是流传在我国长江以南地区的民谚。“秋老虎”是指入秋以后短暂的回热天气，一般在公历8月和9月之交。人们用“秋老虎”来形容入秋后的热天，是不是很形象？

处暑后昼暖夜凉的气候条件有利于农作物在白天吸收充足的养分，在夜间进行储藏，快速成熟。晴热干燥的天气，也正是农民晾晒粮食的好时机。

开渔节

处暑时节，对于沿海地区的渔民来说，正是渔业收获的好时节。因为这时候沿海水温偏高，鱼虾贝类也在这时生长发育成熟，鱼群大都会停留在这里，适合渔民捕捞。这时，沿海地区往往会举行隆重的“开渔节”，欢送渔民开船出海。

在民间，有“处暑十八盆”的谚语，这里的“盆”指的是澡盆，“处暑十八盆”说的是处暑后还要洗十八次澡，天气才逐渐转凉。人们用“十八盆”表示处暑后还要再热十八天。

问

“一日不见，如隔三秋”，这里的“三秋”指的是什么？

你能选出正确的答案吗？请在正确的答案后面打“√”。

答1 三年 □

答2 三个季节 □

答3 三天 □

答案在第87页

白露

月夜忆舍弟

◎ 唐 · 杜甫

戍（shù）鼓断人行，边秋一雁声。

露从今夜白，月是故乡明。

有弟皆分散，无家问死生。

寄书长不达，况乃未休兵。

答 第85页问题 你答对了吗？

转眼就到了秋天里的第三个节气——白露，白露在公历9月8日前后，此时太阳到达黄经165度，北半球天气逐渐转凉。《月令七十二候集解》记载："八月节……阴气渐重，露凝而白也。"到了白露节气，夏季的暑气已经全然不见踪影，天气开始正式转凉，因为人们会在近地面的植物上发现很多露珠，因此称之为白露。

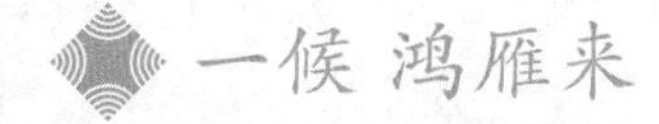

一候 鸿雁来

鸿雁是感知时节的候鸟。天气冷了，它们就要飞到温度适宜、水草丰美的南方避寒了。

二候 玄鸟归

小燕子飞到南方越冬了。

三候 群鸟养羞

“羞”同“馐(xiū)”，指滋味好的食物。百鸟感知到秋风的萧瑟，便开始寻找食物，为顺利度过寒冷的冬天做储备。

露水从哪里来

露水是怎样形成的？请你打开冰箱，拿出一瓶或一听饮料，把它放到室内的桌子上，仔细地观察它。估计不一会儿，你就能看到瓶子“出汗”了，一颗颗“汗珠”凝结在瓶壁上。这是瓶里的水渗出来了吗？如果不是，那“汗珠”是从哪里来的呢？

瓶壁上的“汗珠”来自空气。空气中不仅有氧气、二氧化碳等气体，还有水蒸气。看看你从冰箱里取出的这瓶饮料，当瓶子周围的水蒸气遇到了冰冷的瓶壁，就会凝结成小水珠附着在瓶子的外壁。这是物理学中的液化现象。

露水的产生也类似瓶壁上“汗珠”的产生。白露节气，因为昼夜温差大，夜晚温度降低的时候，空气中的水蒸气就液化成了水珠，附着在植物表面，这就是我们第二天清晨见到的可爱的小露珠了。如果你想像古人那样收集露水，可千万不能赖床，要早早起来哦！

白露打枣

农谚说：“白露打枣，秋分卸梨。”白露时，枣子成熟，人们开始收枣了。

在长篇小说《平凡的世界》中，作者这样描写北方农村打枣的场面：“一年一度的打枣的日子到来，这是双水村最盛大的节日……一棵棵枣树的枝杈上，像猴子似的攀爬着许多年轻男人和学生娃。他们兴奋地叫闹着，拿棍杆敲打树枝上繁密的枣子。随着树上棍杆的起落，那红艳艳的枣子便像暴雨一般撒落在枯黄的草地

上。”打枣的场面热闹欢乐。不过如果打枣时用力过大，可能会把枣树打伤，影响来年的产量，所以打枣也很需要技巧。

祭拜禹王

相传，大禹治水“三过家门而不入”，历时十三年，由北向南，最后在震泽完成了治水的大业。在白露节气，太湖的渔民会为禹王举行祭祀，祈求风平浪静，获得好收成。

物质从气态变成液态的过程叫作液化。夏天时，冰棍儿冒出的“白烟儿”，水开后壶嘴附近的“白雾”，冬天嘴里呼出的“白气”，这些都是气体液化的现象。

问

你读过长篇小说《平凡的世界》吗？这部小说的作者是谁？

你能选出正确的答案吗？请在正确的答案后面打“√”。

答1 老舍 □

答2 路遥 □

答3 莫言 □

答案在第 92 页

秋分

秋词二首(其一)

◎唐·刘禹锡

自古逢秋悲寂寥，我言秋日胜春朝。

晴空一鹤排云上，便引诗情到碧霄。

秋分在公历9月23日前后，此时太阳到达黄经180度，太阳直射点又回到赤道，南北半球在秋分日昼夜等长。

秋色平分

秋分和春分有相似的地方，一是太阳直射赤道，二是春分日和秋分日的昼夜等长。春分和秋分不同的地方在于太阳照射移动的方向，春分时太阳直射赤道，日光照射位置自此由南向北移动。而秋分时太阳直射赤道，日光照射位置自此由北向南移动。

秋分过后，太阳直射南半球，北半球白昼一天比一天短。由于日照时间变短，地面接收到的太阳热量越来越少，天气也越来越冷了。

秋分物候

一候 雷始收声

这一候应对应春分时的“雷乃发声”。古人认为阳气盛而雷发声，阴气盛而收声。此时，阴盛阳衰，所以雷声收于地下，不再听到天空雷鸣。

二候 蛰虫坯(pí)户

“蛰虫”指的是需要冬眠的虫子，它们已经开始躲回到洞中，并用沙土将洞口封闭，准备过冬。

三候 水始涸(hé)

进入秋天以后，降水不像夏季时那么充沛，河渠里的水逐渐干涸，空气也越来越干燥了。

秋分祭月

古人讲究阴阳平衡。日为阳，月为阴，秋分日平分昼夜，最为均衡。秋分以后，阴长而阳退，天地万物也改由太阴星君——月神掌管了。《礼记》上说“天子春朝日，秋夕月”，“夕月”就是指古代皇帝在秋分祭月。北京的月坛公园原名“夕月坛”，是明、清两代皇帝秋分祭月的地方。

兔儿爷的传说

秋分这天不一定能赶上圆月，但古人发现，在仲秋十五的夜晚，月亮皎洁明亮，柔和的清辉洒满大地，于是，便在这晚拜月、赏月、咏月，慢慢地，就有了中秋节。

兔儿爷是和中秋节有关的一位神仙。关于他的故事，有这样一个传说。

有一年秋天，在北京城里，很多人都感染了瘟疫，城里的大夫们对此束手无策。

人们向天神祈求，祈求的声音传到了月宫嫦娥那里。嫦娥把玉兔叫到身边说："你去民间救助百姓，帮助他们克服灾难吧。"玉兔点点头，化身成一个郎中来到了城里。

玉兔身穿白衣，手拿捣药杵(chǔ)和臼(jiù)，敲开了一家人的房门。

开门的是位老人家，他打量着玉兔，问有什么事情。玉兔说：“老人家，我是奉嫦娥指令下来为民间驱除瘟疫的玉兔……”还没等玉兔说完，老人家就急忙摆手关门：“孩子，你还是走吧，你是治不好我们的病的。”玉兔忙询问原因。原来老人家见到玉兔身着白衣，认为是不祥的征兆，所以拒绝了他。

玉兔只好离开老人家，边走边想办法。恰好路旁有一座庙宇，庙里的神像披着一身铠甲。玉兔眼睛一亮，计上心来。

玉兔进到庙里，对神像行礼，表明了心意：“我是来民间驱除瘟疫的玉兔，想借您身上的铠甲一用，用后定会完好归还。”说完，玉兔就将神像的铠甲披到了自己的身上。

人们再见到玉兔时，都把他当成天神看待。玉兔忙着救治城里生病的百姓，天上的神兽和地上的动物也都纷纷赶来帮忙……很快，患病的百姓都得到了救治。

北京城的百姓感激玉兔，拿出各种供品给他。可是，玉兔什么也不收，只是和百姓借衣服。所以，我们现在见到的玉兔形象各不相同，有的身披盔甲，有的貌似商贾(gǔ)，有的好似剃头匠，有的又像个卖油翁……甚至有的人说他是个英俊的男子，有的人说她是个貌美的女子。

玉兔帮助北京城驱除了瘟疫，重返了月宫，却将美好的形象留在了人间。人们赞誉他的善良，用泥塑出千姿百态的玉兔形象，把他奉为家里平安幸福的保护神，亲切地称呼他（她）为“兔儿爷”“兔奶奶”。

玉兔身穿白衣，大家都拒绝让它治病，认为不吉利。但是，现在新娘子结婚的婚纱都是白色的。为什么会有不同的看法呢？

答

仲(zhòng)秋，是指处在秋季中间的农历八月，所以中秋节也叫仲秋节。

寒露

池上

◎唐·白居易

袅袅凉风动，凄凄寒露零。

兰衰花始白，荷破叶犹青。

独立栖沙鹤，双飞照水萤。

若为寥(liáo)落境，仍值酒初醒。

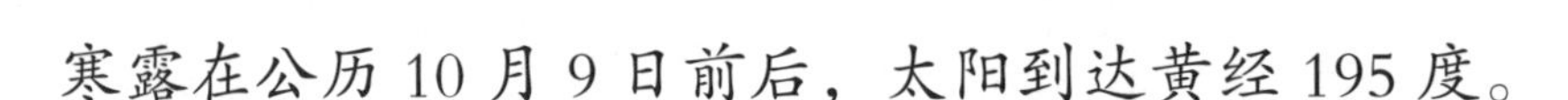

寒露在公历 10 月 9 日前后，太阳到达黄经 195 度。

“寒露寒露，遍地冷露。”寒露是气候从凉爽到寒冷的过渡。寒露时节继续着昼暖夜凉的气候特点，只是温度下降更快，降水也减少得更多。

寒露物候

一候 鸿雁来宾

古人称后至者为宾，寒露一候，最后一批鸿雁也已经到达南方的迁徙地了。

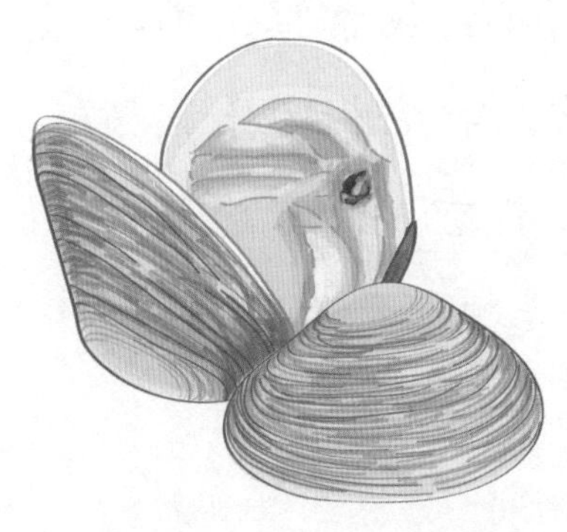

二候 雀入大水为蛤（gé）

寒露五日后，天气越发寒冷，雀鸟都已难觅踪影，而此时，海边的蛤蜊（lí）大量繁殖，逐渐多起来。古人发现蛤蜊的条纹、颜色都与麻雀很相似，所以便用“雀入大水为蛤”作为寒露二候候应。

三候 菊有黄华

世间的花，多因阳气上升而盛开，菊花却因感知阴气滋长而开花。此时，它傲然挺立在寒风中，用黄色的明艳与深秋相呼应。

季秋之月，菊有黄花

《礼记》中记载：“季秋之月，菊有黄花。”季秋，指秋天的最后一个月。菊花也有“黄花”之名，是我国的原生花卉。汉代的时候，菊花就开始被当作药物培植。《神农本草经》中记载，经常服用菊花可以“利气血，轻身耐老延年”。魏晋时期，菊花被大量栽种，并逐渐成为一种观赏花卉。

菊，花之隐逸者也。在文人眼中，菊花清淡素雅，不与群芳争艳，虽枯不落，一身傲骨，所以文人把它视为民族精神的象征。东晋文学家陶渊明与菊花相互代言，两者均被世人视为淡泊名利、坚贞高洁的典范。唐代更是把菊称为“陶菊”。

菊是中国古典文学中的“花中四君子”之一，你知道花中的其他三“君子”吗？它们都象征了什么品格？

答

陶渊明是东晋末至刘宋初期伟大的诗人、文学家，他归隐田园，用诗句“采菊东南下，悠然见南山”写出了人们对闲适和淡雅生活的向往。

霜降

枫桥夜泊

◎ 唐 · 张继

月落乌啼霜满天，江枫渔火对愁眠。

姑苏城外寒山寺，夜半钟声到客船。

诗人用江南晚秋的景色来抒发自己心中的愁绪。善感的古人喜欢将自己的心情与季节对应。春天花落去，会伤感年华的逝去；秋天寒风临，会感悟人生的凄冷。“心”字上面加一个“秋”正是“愁”字，这正是：“而今识尽愁滋味，欲说还休。欲说还休，却道天凉好个秋。”

霜降是秋天的最后一个节气，在公历 10 月 23 日前后，太阳到达黄经 210 度。“气肃而霜降，阴始凝也。”到了霜降，天气转冷，露水也凝结成了霜。

霜降物候

一候 豺(chái)乃祭兽

豺，又叫豺狗，是一种凶残、贪食的野兽。此时它出来捕食猎物，总是先把猎物排列整齐，然后才食用，好像祭祀一样。

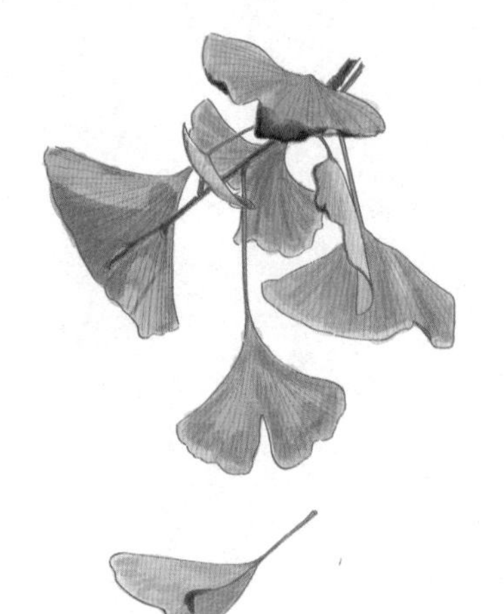

二候 草木黄落

大地上的草木枯黄，开始掉落，到处都是凋零的景象。

三候 蛰虫咸俯

“咸”，全、都的意思。“俯”，蛰伏，指动物冬眠。藏在土中越冬的虫子们都开始冬眠了。

壮族霜降节

霜降时节，农作物收获。居住在广西的壮族乡民们会在霜降期间举行热闹的壮族霜降节来庆祝。

明代嘉靖年间，因为壮族女英雄曾在霜降之日大败倭(wō)寇，人们之后便在这天举行活动缅怀女英雄。到了清代，壮族霜降节进入鼎盛时期，节日持续三天，分为头降、正降与尾降。

第一天为头降，人们让耕牛休息，称为敬牛。各家各户杀鸡宰猪，用新收割的稻米包粽子、做糍粑，犒(kào)劳自己和家人，招待亲戚朋友。第二天为正降，人们清早就到庙里祭拜女英雄，晚上对山歌、演壮戏、看壮戏，对歌活动一直持续到第三天的尾降，形成规模宏大的霜降歌圩(xū)。

在古代，每年立春是开兵之日，霜降为收兵之期，因而霜降节气是人们祭旗神和举行阅兵的时候。当日还要举行“打霜降”仪式，有点儿像现在的鸣放礼炮，是用火炮向空中鸣放，展现军队的雄姿。人们相信，经过“打霜降”，主管霜降的神灵就不敢随意降霜了。因为0℃是大多数农作物生长的最低温度，而要形成我们肉眼能看到的霜，温度肯定是到了0℃以下，这就是农业上讲的霜冻。一旦霜冻出现，农作物就会受到损害。因此，每当“打霜降”的时候，会有很多百姓前来观看，人们是怀着企盼农事顺利的心愿而来的。

在没有现代化农业设备的年代，耕牛是农民的有力帮手，是农家的宝贝。壮族人民的“敬牛”，表达了人们对耕牛的感恩。

问

“霜”字上面是“雨”字头，古人造字的时候，大部分描述天气现象的字都有“雨”字头。想一想，你知道还有哪些表示天气现象的字有“雨”字头？

认识冬天的六个节气

节气	物候
立冬	水始冰 地始冻 雉入大水为蜃
小雪	虹藏不见 天气上升，地气下降 闭塞而成冬
大雪	鹖鴠不鸣 虎始交 荔挺出
冬至	蚯蚓结 麋角解 水泉动
小寒	雁北乡 鹊始巢 雉始雊
大寒	鸡乳 征鸟厉疾 水泽腹坚

冬之神为禺强。

禺强又作玄冥。禺强的模样和句芒有点儿像，都是人面鸟身，耳边盘有两条小青蛇，脚踩两条赤蛇。他是黄帝的孙子，西方天帝颛顼的辅佐神，掌管的区域是漫天霜雪、冰雹，所以是冬神。禺强还是传说中的风神、海神、和瘟疫之神。

立冬

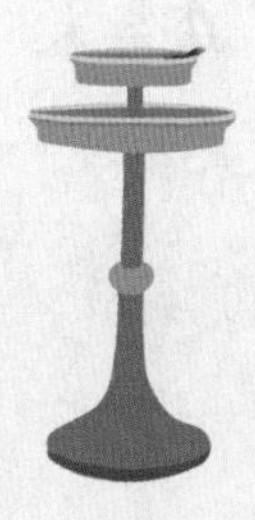

立冬

◎明 · 王稚登

秋风吹尽旧庭柯，黄叶丹枫客里过。
一点禅灯半轮月，今宵寒较昨宵多。

寒风乍起，禅灯孤暗，天气越来越冷。一年中的最后一个季节到了。立冬在公历 11 月 7 日前后，太阳到达黄经 225 度，是冬天的第一个节气。

一候 水始冰

古人把立冬时水结冰的现象描述为："水面初凝，未至于坚也。"立冬节气，水开始结冰了。

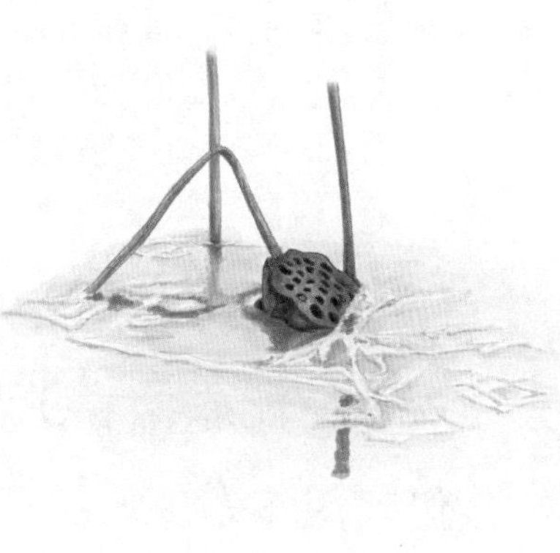

二候 地始冻

随着气温持续下降，立冬五日后，地表开始结冻。

三候 雉(zhì)入大水为蜃(shèn)

雉，一种鸟，野鸡。蜃，大蛤蜊。立冬后，气温越来越低，野鸡一类的大鸟便越来越少了。江河水枯而水位退减，但尚未封冻，很多蛤蜊便会在水边或是水浅的地方出现。野鸡和蛤蜊的花纹很相像，人们便用“雉入水为蜃”作为立冬三候的候应。

立冬祭冬

古时候的立冬既是节气，也是重大的节日。在立冬这天要举行隆重的迎冬典礼。立冬前三天，皇帝就已经斋戒。立冬当日，皇帝沐浴更衣，在大臣们的陪同下，一起穿着黑衣，到皇城的北郊迎冬。仪式完成后，迎冬的队伍返回皇宫，皇帝要表彰(zhāng)为国捐躯的将士们，并对他们的家属进行抚恤(xù)。

秋收冬不闲，农家照样忙

冬天到了，秋天的农作物已经收获，繁忙的农事暂时可以告一段落，不过农民们并没有躲在温暖的屋子里过冬，他们可闲不着。

收获的农作物需要分类、储藏。比如红薯，有些需要放到地窖里储藏起来，有些需要磨成粉。冬天到了，还要提前把牲畜的食物准备好，玉米就是其中非常重要的一种。那是不是人们就不用种地了？也不是，他们在一个个塑料搭成的大棚里，还会种植许多蔬菜。此外，在立冬节气给牲畜修补栏圈，移栽果树苗，把过冬取暖用的柴火准备充足，这些都是农家在立冬节气要开始的工作。

《说文解字》中对“冬”字的解释为“四时尽也”。“冬”字从仌从夂。“仌”字，古同“冰”，“夂”为古文“终”字。

宋代陈元靓在《事林广记·警世格言》中写道：“自家扫取门前雪，莫管他人瓦上霜。”你赞同这种行为吗，为什么？

小雪

小雪

◎ 唐 · 戴叔伦

花雪随风不厌看，更多还肯失林峦。

愁人正在书窗下，一片飞来一片寒。

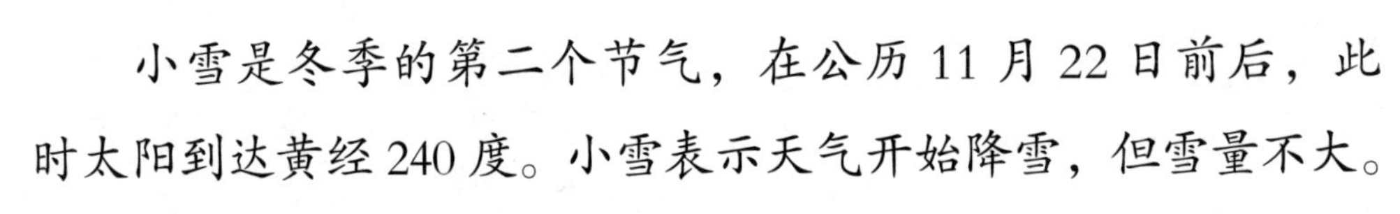

小雪是冬季的第二个节气，在公历 11 月 22 日前后，此时太阳到达黄经 240 度。小雪表示天气开始降雪，但雪量不大。

小雪时节，各地的农业生产都不太忙碌了，不过种在地里的白菜要收割，牲畜和果树的防寒工作也要做好。

小雪物候

一候 虹藏不见

古人歆羡虹的壮美，在关于节气的记录中，有清明三候“虹始见”和小雪一候“虹藏不见”。《月令气候图说》中认为“阴阳气交为虹”，到了小雪，阳气潜伏，阴阳不交，天地闭塞，虹自然就看不见了。

二候 天气上升，地气下降

天空中的阳气上升，大地中的阴气下降，阴阳不达，天地不通。

三候 闭塞而成冬

因天地不通，万物也不再充满生机，冬日的严寒席卷大地。

飘洒飞舞的精灵

雪是一种降水形式，是天空中的水蒸气在气温降到0℃以下时凝华而成的固态。它的形成虽然与雨相似，但因为洁白纯净，从空中飘洒下来的样子像飞舞的精灵而深受人们的喜爱。我国的传统观点认为雪是吉祥的象征，可以将一切不祥去除干净。

西汉时的《韩诗外传》里说："凡草木之花多五出，雪花独六出。"这句话的意思是，一般的草木之花多为五瓣，唯独雪花是六瓣。雪花还有琼(qióng)芳、银粟、玉尘、碎琼等叫法。

问

郑燮写有一首《咏雪》诗："一片两片三四片，五六七八九十片。千片万片无数片，飞入梅花都不见。"这首诗基本上都是用数字组成的，不过却写出了雪花纷纷扬扬的场面。你知道作者郑燮是哪个朝代的人物吗？

你能选出正确的答案吗？请在正确的答案后面打"✓"。

答1 宋朝 ☐

答2 明朝 ☐

答3 清朝 ☐

答案在第112页

"小雪"有两层含义，一是指节气，二是指降雪量。按照气象学的标准，24小时内的降雪量：

0.1～2.4毫米为小雪；

2.5～4.9毫米为中雪；

5.0～9.9毫米为大雪；

10.0毫米及以上为暴雪。

大雪

逢雪宿芙蓉山主人

◎ 唐 · 刘长卿

日暮苍山远，天寒白屋贫。

柴门闻犬吠，风雪夜归人。

《月令七十二候集解》中说：“大雪，十一月节，大者盛也。至此而雪盛矣。”这句话的意思是，到了大雪时节，下雪的频率更高了。

大雪在公历 12 月 7 日前后，此时太阳到达黄经 255 度。

大雪物候

一候 鹖(hè)鴠(dàn)不鸣

鹖鴠，古籍中的鸟名，一种报晓的鸟。清代诗人赵翼有诗《途遇大雪》云：“如曷(hé)旦鸟寒自号，比纥(hé)干雀冻不语。”到了大雪，此鸟不再鸣叫了。

二候 虎始交

大雪五日后，阴气鼎盛，阳气萌动，老虎开始有求偶的行为。

三候 荔挺出

荔(li)，又名马蔺(lin)、马兰。“挺”，拔的意思，引申为生出。荔草感受到阳气的萌动，在寒冷的日子生出了新枝芽。

大雪纷纷兆丰年

“瑞雪兆丰年”，这句俗语你一定不陌生，但你想过吗，瑞雪为什么会“兆丰年”？

冬季的降雪补充了土壤的水分，同时，积雪可以保护土壤的温度不至于太低，对于农作物越冬有很大的好处。另外，“冬雪落一尺，虫埋土一尺”，降雪天气寒冷，雪融化时又可以吸收大量热量，使土壤变得非常寒冷，将土壤里破坏农作物生长的病毒、害虫冻死，雪下得越大，第二年的虫害就越轻。所以，农民是很盼望下大雪的。

踢行头和跑冰

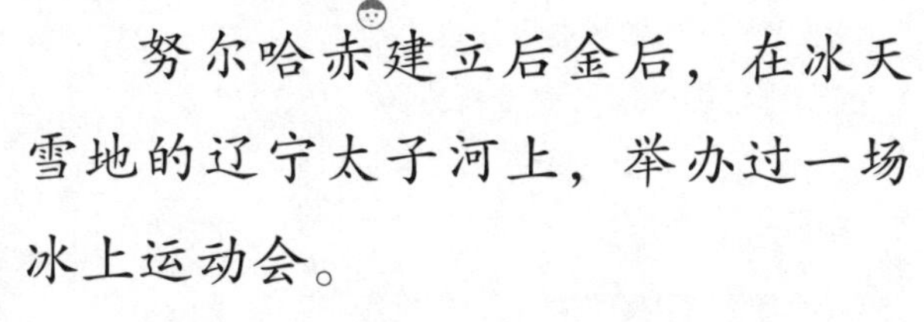

努尔哈赤建立后金后，在冰天雪地的辽宁太子河上，举办过一场冰上运动会。

努尔哈赤

努尔哈赤（1559—1626），后金开国之君，通满语和汉语，二十五岁时起兵统一女真各部，1616年，努尔哈赤在赫（hè）图阿拉称汗，建立后金。他的儿子皇太极继承父业，建立大清，尊努尔哈赤为清太祖。

这场运动会相当热闹，比赛分两大类，一类是男子冰上踢球。比赛内容是满族传统的“踢行头”，类似今天的足球运动。行头大小和今天的足球差不多，用熊皮或猪皮缝制外皮，里面用绵软的物体来填充。比赛时，双方要力争把行头踢到对方的区域，得分多的队获胜。另一类是女子跑冰。跑冰就是在冰面上赛跑。参赛队员在比赛发令后要快速跑向终点，先到终点的队员获胜。努尔哈赤为这场运动会的胜利者准备了丰厚的奖品。在冰天雪地里大家不惧严寒，坚持运动、操练，这恐怕也是努尔哈赤带领的部队作战经常能取得胜利的原因之一吧。

入关后，清代统治者仍然保持着对冰上运动的喜爱，太子河上的运动会演变成了京城的冰嬉（xī）盛典，比赛项目也增加了不少。

冰嬉

盛行于我国北方少数民族中间的一项传统体育活动，又名冰戏。

努尔哈赤根据东北地区的气候特点，组建了一支独特的部队——“八旗冰鞋营”。士兵们把兽骨捆绑在脚下，做成简易溜冰鞋，他们滑冰几天，就可以行军数百千米。

问

“冬天麦盖三层被，来年枕着馒头睡”，这句谚语表达的意思和“瑞雪兆丰年”相似，它用“三层被”形容厚厚的雪层，用“枕着馒头睡”来寓意丰收。你还知道哪些类似的农谚？

答

冬至

冬至宿杨梅馆

◎ 唐 · 白居易

十一月中长至夜，三千里外远行人。

若为独宿杨梅馆，冷枕单床一病身。

诗中的“长至夜”指的就是冬至。冬至在公历 12 月 22 日前后，太阳到达黄经 270 度，太阳的直射点位于地球南回归线，这是北半球夜晚最长、白天最短的日子，因而得名“长至夜”，在古代也叫“日短至”。冬至以后，北半球一年最寒冷的时期来了。

冬至物候

一候 蚯蚓结

相传，蚯蚓是阴曲阳伸的生物，冬日蛰伏在泥土之中，蜷曲身体，纠如结状。

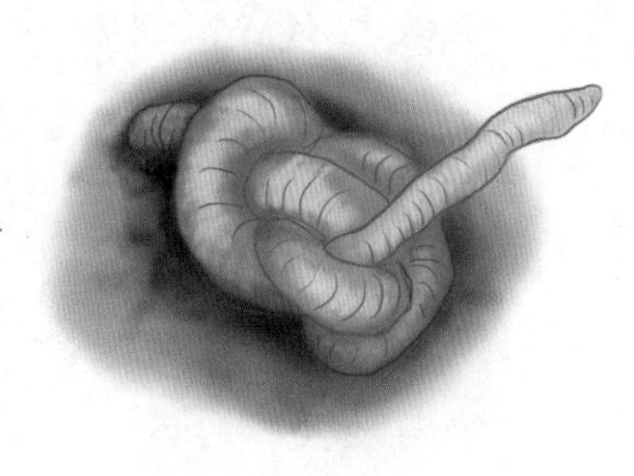

二候 麋角解

“麋”，麋鹿，又叫四不像。冬至与夏至是阴盛和阳盛的两个极致，麋鹿属阴，角朝后，因感受到阴气盛极、阳气滋生而使角脱落。第二年夏天长出新角。

三候 水泉动

山中的泉水开始流动。虽然此时天气寒冷，但蕴含在大地深处的阳气已经在慢慢复苏。

数九寒天

冬至以后就是数九寒天了，“数九”是从冬至这一天开始计算，每九天为一个计数单位。

在中国的传统文化里，“九”是最大的数，又是阳数，冬至这天以后，便开始“数九”消寒。你看这首“九九”歌谣：“一九二九不出手，三九四九冰上走，五九六九看杨柳，七九河开，八九雁来，九九加一九，耕牛遍地走。”试着想一想，从冬至开始，经过九九加一九天，也就是九十天后，是不是“耕牛遍地走”了呢？

九九消寒图

如何让枯燥的寒冬变得有趣起来呢？古人发明了一种游戏，叫“九九消寒图”。

这“九九消寒图”有时是一句诗，常用的诗句是“亭前垂柳珍重待春風(fēng)”这九个字，每个字有九画，每天写一画，全句写完就到了春暖花开时。

“九九消寒图”有时是画一幅画，九朵梅花，每朵九瓣，每日填涂一瓣，画完之日，也是春回大地之时。

还有一种“九九消寒图”，是用圆圈组成的。每天按照顺序在圆圈里做标记，阴天涂色于上半部，晴天涂色于下半部，刮风涂色于左半部，下雨涂色于右半部，降雪则在正中央圈点。八十一天后，眼前出现的就不仅是一幅字、一幅画，而是一个数据表了。这张图既打发了时光，又是一部气象日历，真是一举多得。

“九九消寒图”还有其他不同的形式，它们共同的特点是都有八十一个单位。冬至这天从第一个单位开始涂写，经历八十一天，春天就到了。

冬至祭天

在周代，曾经将冬至的前一天作为岁终，将冬至日作为新年伊始的第一天。直到秦朝，还一直保留着“过了冬至大一岁”的习俗。冬至日，是祭天祭祖的大日子，位于北京市东城区永定门内大街东侧的天坛，是明、清两代皇帝进行祭天祈谷的场所。天坛里的圜(huán)丘是举行仪式的地方，建成圆形是遵循“天圆地方”的传统理念。

冬至大如年

古时候的冬至像过节一样隆重，和我们春节放假一样，朝廷上下在皇帝的带领下举行聚会，这聚会可不是几个小时，最长的要五天呢！后来，虽然一年开始的节点有了变化，但冬至依然是人们心中很重要的日子。

冬至这一天人们都会吃“娇耳”，“娇耳”就是饺子，这一饮食习惯一直延续到了今天。

在浙江省三门县，至今保留有在冬至举行拜冬祭祖的盛大民俗活动。每年冬至的这一天，人们要祭祀天地和祖先，表演祝寿戏，举行老人宴，表达对自然和祖先的感恩之情，传递对老人的尊重和爱护之情。

问

试着写一下古人用来数九消寒的诗句“亭前垂柳珍重待春風”，数数是不是每个字都是九画？你发现了什么问题吗？

垂

答

相传，娇耳与医圣张仲景有关。张仲景是东汉名医，他用面皮包上羊肉和祛(qū)寒药材做成耳朵状的“娇耳”，煮熟后带汤分给那些因为天寒冻伤的穷人吃，吃了这种食物的人们，冻伤渐渐好了。人们感念张仲景的恩情，仿照娇耳的样子做出了饺子。

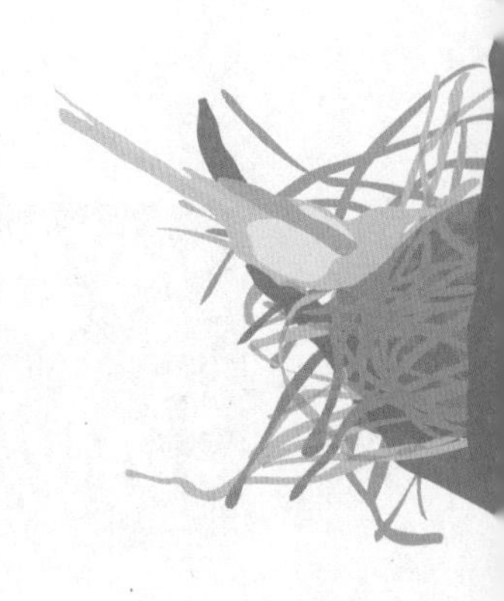

小寒

咏廿（niàn）四气诗 小寒十二月节

◎ 唐 · 元稹

小寒连大吕，欢鹊垒（lěi）新巢（cháo）。

拾食寻河曲，衔紫绕树梢。

霜鹰近北首，雊（gòu）雉隐丛茅。

莫怪严凝切，春冬正月交。

“寒”，有冷的意思。小寒在公历 1 月 6 日前后，此时太阳到达黄经 285 度。对我国大部分地区来说，小寒意味着开始进入一年中最冷的时期。

“小寒大寒，冷成冰团。”小寒和大寒是我国最寒冷的两个节气，但是如果要选出第一名，恐怕小寒还要略胜大寒一筹呢！小寒时节，在我国最北端的黑龙江甚至会出现 −40℃左右的低温。

小寒物候

一候 雁北乡

古人认为，大雁是顺应阳气变化而迁徙的，此时，阳气已经开始上升，大雁也离开了南方，向北方迁移。

二候 鹊(què)始巢

喜鹊开始衔枝筑巢。

三候 雉雊(gōu)

野鸡开始啼叫。

腊月和腊八

小寒节气经常出现在农历的十二月里。农历十二月也叫腊月。为什么叫腊月？《风俗通义》记载：“腊者，接也，新故交接，故大祭以报功也。”原来，“腊”有新旧交替的意思。古时候的人们，在新旧交接的月里要举行腊祭——他们用猎获的野兽祭祀神灵和祖先，感谢神灵和祖先一年来的庇佑(bì yòu)，并祈求来年的顺遂。祭祀的这一天也称为腊日。后来受佛教影响，腊日确定在了农历十二月初八，也称腊八。

清代诗人夏仁虎写有一首《腊八》：“腊八家家煮粥多，大臣特派到雍(yōng)和。圣慈亦是当今佛，进奉熬成第二锅。”诗中写的是腊月初八这一天，皇家赏赐腊八粥的情景。到了腊八，百姓们每家每户都要煮腊八粥，在皇城北京，皇帝派大臣到雍和宫施粥。“圣慈”指的是当朝太后，她喝的是熬成的第二锅粥。那第一锅给了谁呢？原来那时的第一锅粥是要供奉给佛祖的，第二锅才是给太后、皇帝和皇亲家眷(juàn)的。

问

“腊”指农历十二月，“寒冬腊月”泛指寒冷的冬季。想想看，你能找到哪些描写寒冷的词语？

南北朝时期的梁朝宗懔在《荆楚岁时记》中记载：“腊鼓鸣，春草生。”描写了腊八这天人们敲锣打鼓迎新的情景，这样的风俗现在很多地区仍保留着。

大寒

苦寒吟

◎ 唐 · 孟郊

天寒色青苍，北风叫枯桑。
厚冰无裂文，短日有冷光。
敲石不得火，壮阴夺正阳。
苦调竟何言，冻吟成此章。

不知不觉就来到了一年中最后一个节气——大寒。大寒在公历 1 月 20 日前后，此时太阳到达黄经 300 度。

大寒物候

一候 鸡乳

母鸡开始下蛋，孵(fū)育小鸡了。

二候 征鸟厉疾

“征鸟”，杀伐之鸟，指鹰隼(sǔn)之类。“厉”，剧烈、猛的意思。“疾”，快、极速、敏捷。此时，鹰隼这类猛禽正处于捕猎能力极强的状态，它们盘旋寻找猎物，伺机而下，迅速捕捉，以补充能量。

三候 水泽腹坚

“腹”，指中心部分。水中的冰已经冻得结实，寒冷至极。

岁寒三友

大寒时节天气寒冷，天地之间一片寂静。不过，松和竹在严冬中依然挺立，梅花也会向着寒风开放。松、竹、梅因为不惧严寒的傲骨品格，被古人誉为“岁寒三友”。

“咬定青山不放松，立根原在破岩中。千磨万击还坚劲，任尔东西南北风。”这是郑燮(xiè)对竹的赞誉。“大雪压青松，青松挺且直。要知松高洁，待到雪化时。”这是陈毅将军对松的赞美。“墙角数枝梅，凌寒独自开。遥知不是雪，为有暗香来。”这是王安石赞美梅的诗句。

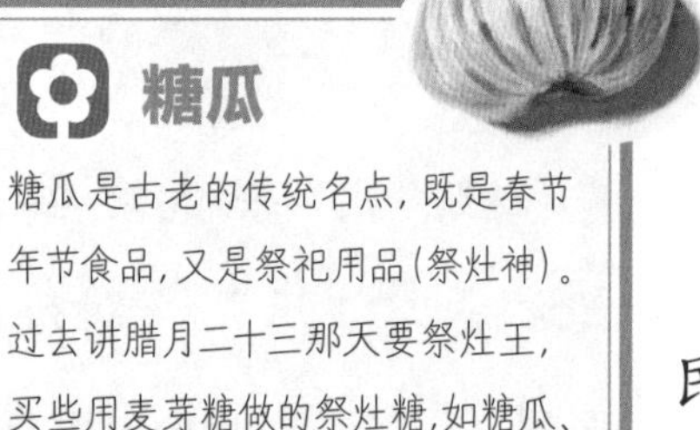

糖瓜

糖瓜是古老的传统名点，既是春节年节食品，又是祭祀用品（祭灶神）。过去讲腊月二十三那天要祭灶王，买些用麦芽糖做的祭灶糖，如糖瓜、关东糖供着，既有在他到玉皇大帝那儿禀报时，请他多多美言之意，又有以糖粘上灶王爷的嘴不让他多说之心。北京有这么一句歇后语："灶王爷升天——好话多讲。"

灶神的传说

大寒时节，因为天气寒冷，农民们除了积肥和做好牲畜的防冻工作，大多是在家搞副业。手艺好的农民还会自己剪窗花、画年画，因为过了大寒，春节就要到了。

过年前，很多地方有“过小年”的习俗。小年时，人们会供奉灶神。

灶神又叫灶王爷，传说他奉玉皇大帝的命令，在人间将每个家庭的善恶琐事，无论大小，一一记录。到了腊月二十三这天，他会拿着记录去和玉皇大帝汇报。玉帝根据这家人所做的好事、坏事，决定来年给他们家降福或是降祸。

如此一来，人们不仅平时会多做好事，还会在这一天准备好吃的糖瓜来供奉灶神。灶台上贴着的“上天言好事，回宫降吉祥”，就是人们相信灶神吃了糖瓜，一定会替自己在玉皇大帝面前多多美言的。

谚语“大寒不冻，冷到芒种”，指的是大寒天气如果不够寒冷，寒冷的天气就会后移，这对农业生产会产生不利的影响。

问

“吾家洗砚（yàn）池头树，朵朵花开淡墨痕。不要人夸好颜色，只留清气满乾坤。”这是古诗《墨梅》，它写出了梅高洁的品性。你知道这首诗的作者是谁，他是哪个朝代的吗？

你能写出答案来吗？

答

致谢

决决华夏，巍巍中华，五千年的文明源远流长，在这条长河之中，二十四节气如一颗璀璨的明珠，涵盖很多学科领域，如何将这些庞杂而略显晦涩的内容介绍给十岁上下的小朋友，是我必须面对并解决的难题。为此，我要特别感谢北航实验学校附属小学的李在田小同学，写作的过程中是他一直陪伴我，提醒我用孩子的视角观察四季的变换，为我提供素材的线索，与我共同构思文章的结构、语言的表达。正是他眨着一双求知的大眼睛说出了“二十四节气就是一个日历牌”，启发了我创作这本书的整体思路。我还要感谢我的亲人和朋友们，感谢他们成为这本书的最初读者，并提出宝贵意见。

感谢广西师范大学出版社（神秘岛）邀请我写这本书，感谢崔宪老师、赵红帆老师、戚浩老师及整个编辑团队，感谢大家在我写作过程中对我的帮助与鼓励。

最后，我要感谢读到这本书的你，并衷心希望你在不忙的时候可以停下脚步，看看身边的那一片花瓣，轻触脚下的那一棵小草，仰望空中的那一轮新月……愿现在的你和未来的你都可以感触到身边无时无刻不在悄然变换的大自然。

你听，那婉转悠扬的鸟鸣，忽起忽停……